明清建筑二论
斗栱的起源与发展

汉宝德　著

生活·讀書·新知　三联书店

图书在版编目（CIP）数据

明清建筑二论·斗栱的起源与发展 / 汉宝德著. —
北京：生活·读书·新知三联书店，2014.5（2023.10 重印）
（汉宝德作品系列）
ISBN 978−7−108−04773−1

Ⅰ.①明… Ⅱ.①汉… Ⅲ.①建筑史−中国−明清时代
Ⅳ.① TU092.4

中国版本图书馆 CIP 数据核字（2013）第 273443 号

责任编辑　张静芳
装帧设计　蔡立国
责任印制　董　欢
出版发行　**生活·讀書·新知** 三联书店
　　　　　（北京市东城区美术馆东街 22 号 100010）
网　　址　www.sdxjpc.com
经　　销　新华书店
印　　刷　北京隆昌伟业印刷有限公司
制　　作　北京金舵手世纪图文设计有限公司
版　　次　2014 年 5 月北京第 1 版
　　　　　2023 年 10 月北京第 4 次印刷
开　　本　890 毫米 × 1230 毫米　1/32　印张 6.125
字　　数　160 千字　图 93 幅
印　　数　11,001 − 14,000 册
定　　价　38.00 元
（印装查询：01064002715；邮购查询：01084010542）

三联版序

很高兴北京的三联书店决定要出版我的"作品系列"。按照编辑的计划，这个系列共包括了我过去四十多年间出版的十二本书。由于大陆的读者对我没有多少认识，所以她希望我在卷首写几句话，交代一些基本的资料。

我是一个喜欢写文章的建筑专业者与建筑学教授。说明事理与传播观念是我的兴趣所在，但文章不是我的专业。在过去半个世纪间，我以各种方式发表观点，有专书，也有报章、杂志的专栏，副刊的专题；出版了不少书，可是自己也弄不清楚有多少本。在大陆出版的简体版，有些我连封面都没有看到，也没有十分介意。今天忽然有著名的出版社提出成套的出版计划，使我反省过去，未免太没有介意自己的写作了。

我虽称不上文人，却是关心社会的文化人，我的写作就是说明我对建筑及文化上的个人观点；而在这方面，我是很自豪的。因为在问题的思考上，我不会人云亦云，如果没有自己的观点，通常我不会落笔。

此次所选的十二本书，可以分为三类。前面的三本，属于学术性的著作，大抵都是读古人书得到的一些启发，再整理成篇，希望得到学术界的承认的。中间的六本属于传播性的著作，对象是关心建筑的一般知识分子与社会大众。我的写作生涯，大部分时间投入这一类著作中，在这里选出的是比较接近建筑专业的部分。最后的三本，除一本自传外，分别选了我自公职退休前后的两大兴趣所投注的文集。在退休前，我的休闲生活是古文物的品赏与收藏，退休后，则专注于国民美感素养的培育。这两类都出版了若干本专书。此处所选为其中较落实于生活的选集，有相当的代表性。不用说，这一类的读者是与建筑专业全无相关的。

这三类著作可以说明我一生努力的三个阶段。开始时是自学术的研究中掌握建筑与文化的关系；第二步是希望打破建筑专业的象牙塔，使建筑家为大众服务；第三步是希望提高一般民众的美感素养，使建筑专业者的价值观与社会大众的文化品味相契合。

感谢张静芳小姐的大力推动，解决了种种难题。希望这套书可以顺利出版，为大陆聪明的读者们所接受。

汉宝德

2013 年 4 月

目　录

明清建筑二论

斗栱的起源与发展

明清建筑二论

自　序

　　在一个专家的时代,这本书是多余的。作为一个建筑师,竟有谈论、讲授、写作建筑史的长年"痒"病,除了请行家们海涵、指教以外还能说什么呢?

　　我性格的深处,有中国传统读书人的老毛病:喜欢谈古论今。中学时代读过点入门书,写写"论"文,居然常得老师们的欣赏,若不是怕饿肚子,几乎学了历史。改学建筑,谁知又有个建筑之史,害得我不时"痒"病复发。在成功大学任助教时,因工作轻松,乃读了成大图书馆中有限的西方建筑史著作,积笔录、札记、感想等数十万言,因而开始了教建筑史的生涯。

　　对中国建筑史的兴趣开始于来东海大学任教之后,是读了东大自汪申先生处购得的一套《中国营造学社汇刊》所引起的。回头翻翻大学里的笔记,不禁疑窦重重,觉得有仔细瞧瞧的必要,乃着手收集点资料。谁知知道得多了些,竟愈觉茫然了。当时曾下定决心出国去学建筑史,却处处碰壁,都说我出身不对,才憬然于建筑史不是建筑师分内的事,而废废然放弃了做历史家的希望。

　　哈佛的建筑系馆的斜对面就是举世闻名的佛格美术馆,画图之余,常去该馆散心;有兴致时,到该馆之东方美术图书馆翻翻有关我国绘画与建筑的资料。哈佛燕京图书馆也有些新书旧籍可供翻阅，因而积了一些笔记与感想，整的印象是令人失望的。中国建筑史到目前为止除了一些讲义式浅显的互相因袭的著作外，只是些片段的发现与调查记录，谈不上历史的解释与讨论。

我的"痒"病却因此而发作了；心里不时思索着一些问题。回台以后，写写中国建筑史，一直是我的大愿望，却因为公私两忙，再也没有机会去钻书堆。过去几年间，只能陆续草率地写出两篇有关明清建筑的讨论，本打算凑足篇幅，重加整理再出集子的，后一搁至今，深怕从此石沉大海，故决定先把这两篇印出，算作第一册，以逼迫自己及早写出在思索中的其他问题。

读者可以看出，本文的写法是环绕某一问题做广泛讨论，以触及历史上的发展关系。这种写法一方面可较深刻地思索问题，另方面可避免讲义的抄录。何况每篇均可自成段落，没有通史的教科书味，它的缺点则是需要读者有一点基本的知识作准备，而在内容上，有太多的作者个人的意见。请读者们把它当作一个业余建筑史家的高谈阔论吧。

1972 年春于东海大学

明清文人系之建筑思想

一 从明清建筑的低潮说起

中国艺术史中最受史家低估的是明清阶段的艺术，而索性被卑视甚至于不屑一顾的，是明清之建筑。这个态度的来源是基于一种看法，即中国系的建筑，到明清两代，已近尾声以至无所匡复。这是一个很不公允的结论。

这个"结论"被一些史家所共同承认，为由两个阶段的研究所成立的。早在清朝末年，欧人开始研究中国美术史。他们发现一个现象，即唐宋的遗物，比较接近欧洲的审美标准[1]，遂顺而成章地把这一阶段认为是中国美术发展上的高潮期。有了高潮期，又把生物生存期的比类用上去，则有初创、勃起、呆滞、衰落等等的形容词，来状写美术各期为发展。明清的美术很自然地被认为属于衰落期了，这一阶段之结论是推论性的。

把这一推论使用到中国建筑史上，却是由第二阶段的研究工作，

---

[1] 欧人开始研究中国美术，不论是 Bushell，或是 Fergusson，都是以当时流行的学院派之看法为看法的，学院派大体上说则以希腊、罗马之古典美术为根据立说，而唐代美术最接近西方美术。

即我们中国的建筑家们的努力，加以肯定的。民国以后的中国营造学社在华北干燥区域做了一番相当认真的调查[1]，发现了上推至唐宋的遗物，并加以实测、拍摄、考证。凭据在手，他们的话是颇有分量的了。为求了解他们的立论根据、他们的着眼点，必须先讨论早期的营造学社的发言人林徽因的一段话。她说：

> 所谓原始面目，即是我国所有的建筑，由民舍以至宫殿，均由单个独立的建筑物集合而成，而这单个建筑物，由最古简陋的胎形，到最近代穷奢极巧的殿宇，均始终保留着三个基本要素：台基部分、柱梁或木造部分，及屋顶部分。在外形上，三者之中，最庄严美丽，迥然殊异于他系建筑，为中国建筑博得最大荣誉的，自然是屋顶部分。但在技艺上，经过最艰巨的努力，最繁复的演变，登峰造极，在科学美学两层条件下最成功的却是支承那屋顶的柱梁部分，也就是那全部木造的骨架。这全部木造的结构法，也便是研究中国建筑的关键所在。[2]

在这一段话里，她很肯定地告诉我们两个概念，一直为几十年来的我国建筑界及大部分国外学者所深信。其一，我国建筑的基本构成，是单个的建筑物的集合。由于"开间"的观念合乎现代建筑中的"列柱"法，后来颇有人加以引申，认系中国建筑了不起的一面。[3] 由这样一个认定，中国建筑的要素就跟着简单了，即形成林氏所谓的台基、柱梁、

---

〔1〕 该等调查工作见于《中国营造学社汇刊》，集中于河北、山西两省北部。
〔2〕 梁思成：《清式营造则例·绪论》。
〔3〕 代表性看法见黄宝瑜：《中国建筑史·自叙》，1970年，"中原建筑丛书"。

屋顶三段。由之，要谈中国建筑之学术之研究，台基过分简单，屋顶过分明显，剩下来可谈的专门知识，就只有柱梁部分。故她给我们的第二个概念，即研究中国建筑的关键在于其结构方法。

抱着这些看法来观察明清建筑，我们必须承认，他们所下的结论是正确的。明清的宫殿建筑，与唐宋建筑比较起来，在间架制度上，是日渐僵化了，在木架结构上，是日渐装饰化了。如果用林徽因自己的话来说，"由南宋而元而明而清八百余年间，结构上的变化，无疑的均趋向退步……"[1]

所以我们今天来检讨这一个几成定论的结论，必须从大前提上着眼。即我们必须对几十年来大家所共信的中国建筑的价值标准，提出疑问并加以重估。我们所怀有的疑问，总结地说起来有两大部分，为求清楚，分列于下：

第一，间架制度是不是充分地代表了中国建筑的基本形式？中国建筑的价值所在，是不是那个"全部木造的骨架"？

第二，如果我们承认上一问题为是，则间架与结构之价值是否一定建立在合理的结构原则与忠实的表现之上？

这第一个问题是本章要讨论的主题。我们认为这一个疑问的提出是基本的。我们并不是怀疑林氏评论的价值，而是觉得他们所留心的中国建筑的范围也许太狭窄了一些。如果我们果然觉得中国的间架单元不一定是完美的，则再回顾历史，就发现时间与空间的因素，曾经在中国建筑史上发生过作用，比较复杂的建筑格局曾经在我国历史上出现过。这一点，美人亚历山大·苏波氏（Alexander Soper）已经注

---

〔1〕 梁思成：《清式营造则例·绪论》。

意到。他在抗战时期，研究日本佛教建筑史，由日本庙宇的组合弹性，自中国大陆反求其来源，发现"开间单元"并不是一种绝对的基本单元。[1] 由于此一问题的提出，我们同时可觉悟到中国艺术史上另一个问题的存在，即明清作为一段落与宋元之比较，在艺术的发展上，有些什么重要的转变？换句话说，若复杂的建筑格局果然曾在我国存在过，则明清以后的发展之来龙去脉是怎样？

第二个问题则系着眼于宫殿建筑系统本身的发展而提出。这个问题的提出可以帮助我们除去偏见，即目前相当流行的机械的机能主义的理论，平心静气地看看明清的建筑。看看它们果然是毫无贡献可言，毫无理想可言吗？这是一个很值得仔细研究的题目，后文将作详细讨论，此处不赘。

我们如果能把这两个问题，分别加以检讨，并找出一些适当的答案，则明清建筑为我国建筑发展低潮这一过分急切之结论，可以得到修正。修正这个结论，有两个重要的意义，应该在此简单地加以交代。

第一个意义是给明清六百年来的建筑一个公允的机会，以得到它应得的历史地位。我们觉得明清两代自有其特有的精神与成就，不应该以唐宋的标准去衡量。因此，我们的当务之急是把这六百年中具有代表性的思想与形式彰显出来，找出他们自己心目中的价值标准，然

---

〔1〕 Alexander Soper 在其 *The Evolution of Buddhist Architecture in Japan*（Princeton Univ. Press，1944，pp.180 ~ 220）一书中广泛讨论了我国古代建筑复杂组合的可能性。晚近古长安城之发掘中，发现唐大明宫之基址，经考古家之复原，认系一极为复杂，且综合各种形式，包含部分平房、部分楼房的大宫殿，可印证苏波氏此说，颇有历史之真实性。但是，我们自然不能否认"开间"制为中国建筑史上很重要的、很基本的因素，只是我们需要一个比较客观的态度而已。

后用了解与同情去认识这一阶段的建筑。这代表着一种特有的艺术史观，是自世纪之交，德国系统的艺术史家们，为维护他们自己的艺术传统所发展出来的。他们分别研究了当时被轻视的中世纪艺术与巴洛克艺术[1]，因此发现了文化史与艺术之间，有着支配的关系。艺术史不是由某一时代的好恶来解释的，沃林格（Wilhelm Worringer）提出了影响极为深远的"形式意志"（Will To Form）的观念，即在说明任一时代的艺术均各有其内在的生命，深深地根植在这一时代的历史生命之中。艺术本无先天的形式，其形式是人类历史的欲望与需要所赋给的。

第二个意义是为整个的中国建筑史的研究展开较广阔的幅度，以跳出结构至上主义者的圈套。我们应该以较具体而遗物众多的明清建筑开始，探究我国建筑在形式以外的成就，以及它怎样满足了当时社会群众的需要。从这些研究为起点，我们有希望上推至唐宋，来建构一个社会史、建筑史、考古学三方面融通的学问框架，而汇成于我国文化史研究的大业中。若不作为是想，则我国建筑史的研究，充其量只是技术史的讨论，或考古的调查，枝枝叶叶，零零星星。等而下之，研究之成果被执业建筑师所剽窃，或径用为抄袭之蓝本。

要重建明清建筑之研究，于此时此地，自非易事；但早已到了应该着手的时候。着手的方法，必须从大处着眼，观察文化发展的大势，对时代的精神加以把握。笔者不敏，聊将平日思索所得之一部分发表，以期抛砖引玉。

---

[1] 有关中世纪艺术之讨论，参见 Worringer：*Form in Gothic*（G. P. Putnam's Sons Ltd.,1927）。有关巴洛克艺术之讨论，参见 Wolffin：*Principles of Art History*（Translated by M. D. Hottinger，Dover Publications Inc.，1929）。

二 南方建筑之传统

地域的观念是研究美术史的人所必须具有的。这不仅是因为古时交通不便、种族各异，地理位置造成的空间距离使得各部分美术的发展均有其独特之风格；而且地理情势的不同使物质环境的因素各异，由之为适应此环境所作之努力常常南辕北辙，多不连通。这个观念在欧西毫无问题地传承下来，但在我国则颇未能被充分接受。欧洲地小而民族繁多，中世纪封建制度所形成的弹丸小国，均各有其不同之艺术表现，欧人视之为当然。我国重正统，号称天朝，复为一统帝国，以帝都为中心，视边远区域之发展为渺不足道。这个现象因考试与任官制度以帝都为集散地，而使知识分子视为理之当然。[1]

实际上我国的地理区域确较欧洲为辽阔，而且各地区均显示历史悠久的大帝国所拥有的共同的文化色彩。但是地域仍然是存在的。此一事实尤以研究古代美术史时所应注意，因为愈向上推，其地域的色彩愈浓，我们要了解此一现象，不妨参照英人李约瑟所提之经济地域分类法。他提出汉末三国鼎立局面之形成，乃由于三经济区域之发展足以产生自立自足的力量。他指出中国史上曾多次因此经济区域之划分而演为政权之割据。[2]这是颇值得研究中国美术的人所参考的。

地域现象表现在建筑上极为明显，此早已为日人伊东忠太所查

---

〔1〕 一个很有趣的证明是中国营造学社的诸学者都是南人，却以北方之发展为中心立说，轻视南方之传统。

〔2〕 Needham：*Science and Civilization in China*，Cambridge University，1961，V.I，p.112.

·浙江民居

知[1]，想来清末欧洲的考古家们亦必注意到这一些。伊东把三大河流分为三大区域虽不尽与经济区域相符，亦可大致与国人一般看法相符，可惜伊东的注意力一部分为北朝石窟寺所吸引，另部分则为我国涯无边际的建筑装饰美术所吸引，未能下功夫在区域性的研究与解说上，只使用三个形容词："钝重、活泼、过激"，把三个区域的建筑概括了。

　　国人的了解尚不及伊东。通常的看法是把北方的建筑作为我国建筑的正统，用皇家建筑之准则去衡量长江以南之建筑，因此区域性的意义被一笔抹杀。在今天看来，这些正是营造学社过分重视《清式营造则例》及宋《营造法式》之故。大凡帝室御订之建筑章则，必然限于皇家所直接影响之建筑，**其范围常常甚为有限**。边远地区，以过去交通不便之情况，即使接受了其法则，亦必有无法实施之苦，因地域性之影响甚大，匠师之技法难于在短期内更改，且建筑之术，为知识

〔1〕　总论有关中国地理之说明，见伊东忠太：《中国建筑史》，陈清泉译，台湾商务印书馆，1967年，第19页。

分子所不齿，技法之流播赖乎工匠之口头传承，其口诀等，因方言之故，在广布上，有不可克服之困难。何况在天高皇帝远的地区，中央政府的令章常常完全被漠视。[1] 故自政府明令公布的建筑章则上去学中国建筑史，只有一个意义，即这些法则是当时流行的工匠口诀的一种编订、整理。学习了这些法则，可以作为了解广大地域中当时建筑物实际情况的一种参考。如果把它们奉为进入建筑史殿堂的不二法门，则要大错特错。

这种忽视地方传统的态度，是造成对明清建筑歧视的主要原因。自历史的发展上看，如果我们说宋元以后中国文化的重心在南方，并不能算是很大的错误，若说一个文化较发达的区域，反而产生水准较低的建筑，是说不过去的。园林艺术的倒流是最明显的例子。

顺着地方传统的考察，苏波曾发现日本庙宇史上之所谓"印度式"，实际即福建省的一种地方样式。[2] 他又曾建立假说，把日本建筑早期之渊源，归之于南方系（即江南一带）的传承。[3] 这些发现无非说明自地域性的艺术分布可以看出文化的流动。一种动态的历史观是能启发更多思索，因而导致更多发现的历史观。

因此，要研究中国建筑史，即使简而化之，亦必须分为南北两系，此尤以近世建筑为然。上推至战国时代，我们应该注意湖广文化的力量，促使楚国有窥伺中原之野心。两汉文化，蜀中地区之地位如何，其文

---

[1] 比如自唐以后，政府规定五脊及九脊顶不能使用于民家，但此令只通行于北方，客家族之住宅使用五脊与九脊者甚为通常，似亦未曾被禁。见 Boyd：*Chinese Architecture and Town Panniug*，Univ. of Chicago Press，1962，p.103。

[2] Alexander Soper：*The Evolution of Buddhist Architecture in Japan*，p.212.

[3] 同上书，p.31。

化在型铸汉族本位建筑中所扮演的角色，值得作进一步的检讨。这些均因近年来的考古发掘得到或多或少的证明。至于明清，江南一带实际上扮演着主角，其重要性是不待言说的了。

南方传统的建筑至少有两大因素，值得我们仔细考察。第一项是关乎地理情势的，包括山川形势与建筑材料之影响。伊东忠太曾谓"砖屋由北方发明而传至中部，木屋则由中部发明传于北方"[1]，此话之可靠性有待进一步之证明，但此一假定确有其值得参考之处。我们目前有资料可以证实汉代的蜀中通行着全木构造，且知道秦始皇建阿房宫取木于蜀山，但在更早期，楚地对中原建筑有若何影响，是一个很有趣的问题，有待解决。

南方的山川形势之亲切与秀丽，以及河川之充分使用，造成完全不同于北方干燥大平原上之建筑方式。为建筑史家所称道的三合院、四合院等以中国伦理制度为本的体制，在南方并不是标准的建造方法；甚至流传了很久的堪舆法，在南方亦并不十分流行[2]。**因此北方以宫殿为本的雍容敦厚的建筑格局，在南方为自然形势的适应所取代，而有活泼、灵巧、因地制宜的新风格产生。**故北方取"法"，南人因"势"。

明清建筑的研究，若不能把"势"的观念抽引出来，再建一别具系统的看法，就不能算做过完整的研究。由于南方的地理与气候较为适宜于居住，在黄土高原边缘所形成的近似宗教的规范，及其略感肃杀之气度，自然不再适用。相反的，一种现世的乐生的趣味，一种对

---

〔1〕 伊东忠太：《中国建筑史》，第 23 页。

〔2〕 《校正阳宅大全》(上海广益书局 1932 年影印，明万历周继书辑)"绪言"中有文如下："阳宅之法，北方荐绅先生侈谈之，而于南方为阙闻。非南人睹记不北若也。南人习依形势，不便方位家，北人无形势足据，一切卦例，随地可布，故其术易行。"

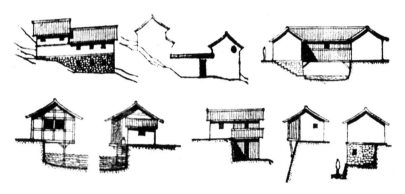

· 因势而营居

自然的亲近与欣赏的态度，软化了建筑的形式。到这里，我们已经接近南方人文的特色了。

有关第二个因素，即人文方面的殊异，最恰当的解释方法，是拿绘画南北家来比类。画史上的南北家，有很多争论，直到今日还在持续中。董其昌首倡其说时，多所杜撰，不无门户之见在内。但明清两代南、北之区分确有其意义在，以笔者的愚见，绘画南北门户之争，不外是董派的人打算把宋室宫廷画家传统及其末流之所谓浙派，赶出文人的圈子。它的意义所在并不真正是所谓画分南北，而是说明明代的文人画家对经由学院自南宋所遗存的一些发展于北宋的技巧，加以肃清而已。实际上，南宋的马、夏，在今天的观念看，应该属于南家，其山水的构图是充满了南方浪漫主义的色彩的。

明代绘画的发展背景是这样：政府有一个更形式化、僵硬化了的宫廷画院，只能吸引二三流的画家乃至画匠，而在野的一个愈益获得心灵解放的南方士人集团，在"元四大师"叛逆精神的传统之下，陶冶于江南的绮丽多姿的自然风光，乃发而为浪漫的抒情表现，名之曰"写意"。明代建筑之发展亦应作若是观。一个更制度化、形式化了的宫廷标准，操在御用工匠手中，已无法满足南方退休官员或地方绅士之居住环境中的精神需要，乃因势求变，因景而借，创造出一种异乎正统的新建筑路线。在今天看来，南北两派的态度均导源于无所不包的宋代。

　　建筑自然不如绘画那样有如此明显的分野，亦未曾引起任何争论。但明代士人对环境设计的概念有着明显的关注是没有疑问的。有不少文人笔记透露着类似的消息。其中计成的《园冶》与文震亨的《长物志》，特别能提供他们对建筑、对居住环境的一些看法与感觉。

三 《园冶》与《长物志》中的建筑观

　　如果我们拿计成与文震亨代表南方传统对环境设计的看法，大体上，我们可以整理出一些思想脉络来，聊以为南方系建筑作思想与理论的解说。下面的解释与分析虽难免草率之嫌，但决无罗织之意。笔者相信，我们不能有更多的文献来证实此一系统的思想，只是因为士人对建筑的兴趣，到底是居于舞文弄墨之下，被视为心性学以外的东西。下面让我们先引一段计成的话：

　　　世之兴造，专主鸠匠，独不闻"三分匠七分主人"之谚乎？非主人也，能主之人也。古公输巧，陆云精艺，其人岂执斧斤者哉！若匠惟雕镂是巧，排架是精，一梁一柱，定不可移，俗以"无窍之人"呼之，甚确也。故凡造作，必先相地立基，然后定其间进，量其广狭，随曲合方，是在主者，能妙于得体合宜，未可拘牵，假如基地偏缺，邻嵌何必欲求其整齐？其屋架何必拘三五间，为进多少？半间一广，自然雅称，斯所谓主人之七分也。[1]

　　这一段说明是南方传统的一个宣告，它代表的意义是向已推演了上千年的宫廷与工匠传统挑战，其历史的重要性不下于欧西文艺复兴时读书人向中世纪的教会御用工匠传统的挑战。**这是建筑艺术知性化的先声。**它提出了"主人"的身份，一方面暗示着营建的业主，再方面则指今日所谓的建筑师（"能主之人也"）。它又提出建造之最重要的部分是今天所谓的基地计划，不是细巧的雕凿与柱梁的排架（"相地立基，定其间进"）。

　　中国的读书人参加建筑与计划的大业为时甚早。《周礼·考工记》中所载，必为读书人所为。隋初大匠宇文恺为隋唐以后之京都计划奠立规模，并作明堂之考。脍炙人口的宋《营造法式》，为将作大监李诫所编订。李本人可说是儒匠；他在《营造法式》第一章中作了些古名词的考订，首次把建筑提到学问的阶层。但这些读书人有一个共通的特点，即均为"奉敕"而为，其工作的目的，不外为宫室制度、皇居规模增添色彩。他们是配合着工匠的手艺，去弘扬典章制度的精神。在建筑本身，他们不是反抗工匠的制作，而是为他们的技法作一系统的整理，宛如欧西中世纪的僧侣们。故他们的知识有时不但不能增长匠师的创造力，反会扼杀进步的生机。

　　由计成代表的南方士人传统则完全相反。他们是要解除制度与匠师的束缚，以创造舒展灵性的新居住环境。有了这样一个观念，建筑

---

〔1〕　计成：《园冶·相地》。

艺术遂被提升为高尚而为知识分子所了解、所从事。我国在明清以后，没有建筑师这一行业出现，不是因为没有这样的知识基础，是因为士人包揽了一切，这原因与我国没有专业画家是一样的。

如果仔细思考计成心目中的建筑，我们可以说他的建筑论远超过欧西文艺复兴时代的名师，因为计成的思想中没有宗教的束缚，没有一个统治阶级要服事，而他所想的只是一个敏感于居住环境的读书人，对自己（或友人）所要从事的建筑的一些揣摩与品味，是生活不可分离的一部分。他的思想至少可与欧西 18 世纪的思想家看齐[1]，而最后体现在已故美国大师莱特（Frank Lloyd Wright）的作品里。

因此，这群文人的建筑观，与他们生活中最基本的成分——文学——的关系最为密切。他们对建筑的看法，则直接与他们的金石和绘画的感觉相连通。下面试分别举例分析他们的敏感性。

（一）平凡与淡雅

这是最根本的士人的态度，与宫廷和工匠的传统完全背道而驰。宫室之美，必求艳丽，以巧凿、盛装、多彩、规模之庞大以动人，正是伊东对中国建筑之印象。[2] 可是士人的理想是淡泊明志，在平凡中求趣味，经元季四大画家之倡导，明以来之士人均知之甚稔，其说辞为"淡而有味"[3]。"淡"是一种心理状态，"雅"是此心理状态表现于外之形式，然用文笔状画，非笔者所能，此处亦无篇幅作太多之讨论。很浅显地

---

〔1〕 E. Kaufmann：*Architecture in the Age of Reason*，Harvard University Press，1955.

〔2〕 伊东忠太：《中国建筑史》，第 64～66 页。

〔3〕 讨论此一观念最清楚之外人著作，就笔者所见，为 Cahill 所著之 *Wu Chen*，未出版之博士论文，密歇根大学。

· "淡而有味"的建筑追求

说，"雅"来自"古"，"古"则"朴"，"朴"必"真"。在建筑上，也许可以用"真"的感觉去状"雅"字。雅又有素而不俗之意，在艺术上，意指新鲜之创造。故"雅"字可综结为朴实的、适度的，与创造的。

表现在建筑实质上的淡雅，自非雕梁画栋，而是对建筑用材很审慎的选择，对质感、色感的精心的鉴赏、品味。西方在现代建筑出现之前，从未有若此之认识，而日本建筑，承继了我国南宋禅宗艺术的传统，大体上保存了此一对美的敏感。为求明白，兹引文震亨之一段话：

> 堂：堂之制宜宏敞精丽，前后须层轩广庭，廊庑俱可容一席。四壁用细砖砌者佳，不则竟用粉壁。梁用球门，高广相称。层阶俱以文石为之。小堂可不设窗槛。[1]

这短短的几句对正屋的说明，几乎道尽一个现代建筑师所能运用之思考方法。"宏敞精丽"、"层轩广庭"当然都是一个住宅正屋（亦即今日之客厅）所应有的气魄，都可不必细说。下面一句，则道出计划的尺度观念。他说，"廊庑俱可容一席"。廊庑为正屋前面与两侧之附属空间，用以为连系与配衬之用的。"容一席"是一个可以计算出的尺度，说明文震亨觉得这些附属部分是正屋的延长，应可为社交谈话之用，即今天之"谈话组合"（Conversation group），并不只是一些无用的空间而已。再下一句，则可看出文氏对材料的敏感，相当接近现代第一流建筑师的态度。他说，"四壁用细砖砌者佳"，这是对砖之砌工、砖本身之质感的一种推崇。这一感觉，竟尚不能为今日一些我国知识分

---

[1] 文震亨：《长物志·堂》。

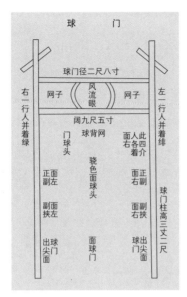

球门径二尺八寸

右一行人并着绿　网子　风流眼　网子　左一行人并着绯

阔九尺五寸

门球头　球背网　此人右各四介面

正面副左　骁色面球头　面正右副

副面挟左　面副右挟

出球尖门面　面球门　球门尖面

球门柱高三丈二尺

·《东京梦华录》中的
"球门"简图

子所接受。他所提出的另一选择则是粉壁。对白色面的使用，在我国本由来久矣[1]，可是提出为一种美的权衡的，在此可能是第一次。这种对朴实的材料的爱好，是高水准建筑的起点。

最令人惊异的是"梁用球门，高广相称"二语。"球门"大约是流行于宋朝的踢球游戏的球门，在《东京梦华录》中有一简图以示其大概形状，并有尺寸。但文氏使用"高广相称"来状写，说明对梁架之比例权衡（Proportion）之美，有了适当的标准。权衡美在西方是导源于希腊文化的，本身有几何学的认识在里面。有意识地去定夺一种权衡，必导源于对视觉空间的高度敏感。

登堂之阶，文氏建议用"文石"（《辞源》：文理之石），显然是对

---

[1]《考工记》有关夏世室之描写内有"白盛"二字，一般史家认系白灰粉刷的意思。

金石爱好的一种延伸。而小堂可不设窗槛的建议，则说明他感到空间过分狭小时，全敞的开口面可以减少窄狭造成的压迫感。

从这一个例子，我们可以看出这些文人建筑家是一些敏感而有充分设计头脑的人。他们不但有独特的审美的见地，而且有很现实的精神，能解决不同方向的问题。比如说，对材料的质感与空间比例的欣赏，是不必靡费就可获致的，是属于平民的与知识分子的路线。

（二）简单与实用

这是这些思想家们的基本要求。淡雅的审美观支持着这个方针，而他们又多是属于中产阶级。大胆地丢开宫廷与伦理本位的形式主义，又厌弃工匠之俗，故很自然地发为现代机能主义者的态度。这些态度，又颇如 18 世纪欧西机能主义之昙花一现[1]，很快湮没在强力的学院派的潮流之内，不见踪迹了。

这种很实际的态度，本是艺术与生活结合的最恰当的起点，而不是把生活梦境化。由于这一很切实的人生观，不少明清笔记对日常起居中有关建筑之细节，当作生活的经验一样地叙述出来。由林语堂先生介绍而为大家所熟知的《浮生六记》就是一个很好的例子。比如在宋《营造法式》与清《工程则例》等官家颁订的大书中，只有构造与装潢的制度，充其量不过是各部材比例的规定，色彩与图案的法则等。宋式中亦只多一点施工之方法，但绝无一字谈及建筑群的配置，及如何应付外在的物理环境等等。至于建筑物应如何使用，何种用途的建

---

[1]　见 Kaufmann：*Architecture in the Age of Reason*。18 世纪理性时代之思想很快为 19 世纪之浪漫主义与历史主义所取代。

筑物应如何设计等，想来是官式建筑所从来不考虑的。**故严格地说来，官颁的建筑书，称不上是建筑，只是匠法，**因此真正有关建筑的讨论都落到乡野去了。

这些士人则很细心地叙述如何做厕所，如何建浴室，均考虑到严寒时之使用，并如何省钱、省力。比如文震亨谈到浴室时，他说：

> 前后二室，以墙隔之，前砌铁锅，后燃薪以俟。更须密室不为风寒所侵。近墙凿井，具辘轳为窍引水以入，后为沟，引水以出。澡具巾帨，咸具其中。[1]

这些说明，解释了浴室设计中给水、排水的方法，加热室与沐浴室分开的方法。这个系统，时至今日，我们仍然在使用，只是用自来水取代了水井而已。

因为生活舒适是他们所追求的目标之一，对于影响到舒适的物理环境，自然就尽了一些机能主义的思考。因此在北方建筑中的南北正位，以及风水先生们开门户的法则，在此处均加以修正。为求说明，便再举文震亨为"丈室"所构想的做法：

> 丈室宜隆冬寒夜，略仿北地暖房之制，中可置卧榻及禅椅之属。前庭须广，以承日色，为西窗以受斜阳，不必开北牖也。

"丈室"是一种甚小的房间，供读书人沉思默想，或为僧人坐禅之

---

〔1〕 文震亨：《长物志·浴室》。《扬州画舫录》中且有公共浴室之描写。

用，可说是传统知识分子的"极小空间"（Micro-space），源于佛教精舍中之苦修小室。可是中国士人把它修改成舒适轻便的居住房间，取其"修"，去其"苦"。所谓舒适，无非是窗明几净，冬暖夏凉。在这里，文震亨建议在冬天使用北方的加热法取暖。[1] 这个方法即利用气热流动的原理，在较低处加热，使地面成为一个暖的面，然后因热气上升、冷气下降的道理，常保室内均匀的温暖，且双脚永远踏在暖面上。此一方法在生理与心理上的优越处，美名师莱特曾一再申说，并引为其本人的发明。[2] 文震亨对前庭须广等之建议，可看得出丈室大多是作为年长退休的读书人退隐之用，他考虑了老年人对日光热力的需要。前庭的尺度，他用"以承日色"来规定，说明庭院之功能只是为有空地，使庭前的房舍不至于掩蔽日光而已。开西窗、闭北牖之想法是违犯一般北方住宅之法则，而适应此一特殊拒寒风、纳日光的要求而来。

在技术上，这些人毫不客气地把官定的构架方法加以修改，使适应种种不同的因时、地而异的需要。其中比较重要的观念是把所谓中国建筑"原始形式"的"开间"与"单元"丢开一边不谈，而发挥了间架制的高度弹性。《园冶》中的例子事实上说明没有一种奇怪的平面——只要为计划者所需——是不能做出来的。传统官式矩形的屋顶形式被漠视，而且传统单间进深的方法（即纵深只有一间）也被放弃。

计氏之"七架酱架式"，与清官式比较起来，其好处是"不用脊柱，

---

〔1〕 北方之炕为垫高之床面，此处因下文又有床榻，故可知其加热为取炕之理，却是在地面之下加热的。这种方法在罗马后期之别墅建筑中使用亦甚广。

〔2〕 莱特用现代加热法，加热于地面下，与流行了几个世纪的壁炉加热法及与壁炉加热法同一观念的辐射器加热法比较起来，确实要合理与舒服得多。这方法因种种技术原因，在现代建筑物中并未被广泛采用。

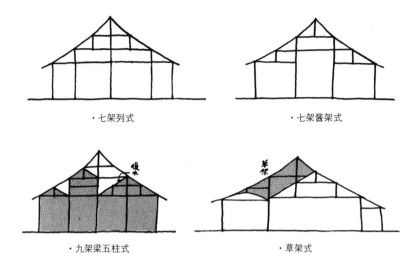

· 七架列式 · 七架酱架式

· 九架梁五柱式 · 草架式

便于挂画，或朝南北，屋傍可朝东西之法"。这是指屋架在山墙面上之情形。因为官式多用脊柱，而用意本不打算在山墙上开窗，故加此柱以承重。计氏的"七架酱架式"，把脊柱换成两根"上金柱"（清式名词），使得墙面上的木架有一良好的格局便于挂画，且可向东西开窗。实则这一屋架的更改，影响所及远过计氏之提示。如果把一屋内所有的屋架均做成此式，则在纵深方向可有一层以上的房间，而不会造成技术上的困难。事实上，计氏在其"九架梁五柱式"中，即指出纵深隔间使用中柱的方法，显示在一大屋顶下有三层房间，均因"复水椽"之使用而加人字形顶使结构稳定，室内空间完整。当然中央的一层房间可能当走廊用。反观官式，在九架情形下，只是两个廊子，一个大房间，除了太和殿外，有什么机会需要这样大的房间，这样靡费的跨度呢？

这些还只是在官式举架的限制内的改变，换换柱子的位置，尚不会影响到整个的矩形。他的"草架制"更进一步了。所谓草架，是大小不同的矩形房子连接（比如堂前有轩）时，其上所覆盖使成为一体的屋架。其观念与"九架梁五柱式"所不同的是，后者为自大空间里分成小空间，而草架为先有空间之组合，而后迁就此空间，加上一个屋顶。这屋顶自然不能限于矩形之内，就相当接近于近代日本房子的作法了。值得注意的是其机能主义的思考方法。

这种经验的机能主义的方法，使用日久，逐渐变成思想的习惯，在对材料的品赏等高度敏感的协助之下，一种精神的机能主义，就渐渐地在这群人中发展出来。所谓"精神的机能主义"的意思，是一种审美的态度，从经验的机能主义者的实际工作中逐渐体验出来一些"必然"转变为心理的要素，慢慢综理为判断的标准，因而自然成为设计的标准。

一个时代的建筑思想如能透出精神的机能主义的趋向，那就是一个产生真正建筑理论的时代。欧西的文艺复兴是这样的一个时代。而后期每一主要建筑发展，均有类似的思想表现。精神的机能主义的存在，表示某一时代独特的建筑使用功能，要有所突出。我国是从未有过这样一个时代的。原因是在我国，建筑从来未被读书人看为严肃的艺术。可是明清文人的杂记中所透露的消息，确有形成此一思想的可能性。对于作为建筑师的笔者来说，这昙花之一现，实在太可惜了。

文震亨对楼阁的解说有下面几句：

> 楼前忌有露台、卷篷，楼板忌用砖铺。盖既名楼阁，必有定式，若复铺砖，与平屋何异？[1]

---

[1] 文震亨：《长物志·楼阁》。

他所使用的"忌"字，不是神秘的"禁忌"，而是物性反应在心理上的禁忌。他的两个"忌"字，由后面几句话解释明白：楼阁有楼阁的性质，有楼阁的作法，不能与平屋相同，故使用于平屋的露台、卷篷、砖地，不能用在楼阁上。如果从实际的建筑情况来说，楼阁有露台、有卷篷，在宋元画中所见[1]，是一个事实。而楼板铺砖，更是一个工程的现实问题，是有它的好处的。然则在一个敏感的建筑师的心目中，即使实际上有此需要，却宁可举手赞成文震亨的主张。

细说起来是这样：楼阁的存在，是因为登高望远以游目骋怀。露台、卷篷本为堂前之附属物，其目的在于延长室内空间，使更接近自然，其性质极为类似。登临楼阁之所获，应已包含了露台、卷篷之意义，若两者相拼，在明眼人看来，是架床叠屋，有赘余之感。至于楼板铺砖，则尤为明显。砖属土，本宜置于土上，为地面之延长。但如置于板上，已感位份倒置，颇有不妥。若高悬空中之楼板，更易令人误为地面，尤其不妥。但是这些看似"走玄"的论调，是从经验中，感到卷篷与楼阁的重复，感到砖为刚硬、木为柔弱等材料之性，逐渐演为心理批判状态。**但一旦演为理论，机能主义的观念就从经验的阶层过渡到形上的阶层，不复尽为合理了。**此为一切从合理主义出发的机能主义，终必走上玄论的机能主义的原因。[2]文震亨不是建筑理论家，用现在的话说，他认为楼阁与平屋相比，必有

---

〔1〕 此类例甚多，如在波士顿美术馆之《滕王阁》即为一例。此画传统上被认为系王振鹏所绘，然经鉴定为元明之间夏永绘。一般的构图均以一座楼为主题，然后有卷篷及凉台等拥围之，形成一较复杂之结构。

〔2〕 现代美国建筑之理论倾向于有机的机能主义，其发展至路易斯·康（Louis I. Kahn）而玄学化。

其定式，是认定了两者的"形式意欲"是不相同的，其外显的具体形态是没有理由一样的。

说到这里，明清文人所代表的南方传统大体可以明白。但我必须说明，文人的传统，发自南方的精神，却不一定为地域所限，而南方之建筑，亦不一定全在知识分子的观念之内，因为精心的艺术是属于少数人的。

（三）整体环境的观念

由于这些文人建筑家们，对建筑之认识是以生活为出发点，如前述，他们是融建筑于绘画与文学之中的；而我国的绘画与文学，自汉末以来，是发自道家的传统，以接近自然为鹄的[1]。这一系统为世界任何其他文化所没有。这些寄情于自然的艺术，自唐末至两宋之发展，在艺术家与自然景物的心理的关系上，有很具决定性的转变。这是中国建筑与艺术史上的一个枢纽，值得专文讨论。在此，我们只指出一点，即在北宋以前，绘画与文学中的自然景物，是客观的存在，艺术家的主观的表现，是由移情作用完成的；迨至南宋，景物之存在开始失去其客观性，变为艺术家心境之表现。在手法上，有甚大分量的人为的操纵与支配。[2]

这一演变有一极重大的意义，即自然开始变质。换言之，**在艺术家心目中之自然，由天生之自然转变到人为之自然**。由是，开辟环境设计艺术的契机。由于这一个开端，我国环境设计的概念在南宋时已经铸成，实非西方文化所可企及。

---

〔1〕 此类讨论甚为普遍，徐复观先生之《中国艺术精神》中有较详细之讨论。
〔2〕 Cahill：*Chinese Painting*，p.51.

整体环境的观念是说生活环境是不能孤立地思考的。任何建筑必然是一个大环境中的小部分，要想有完美的建筑物产生，必须考虑其大环境。在我国，这大环境的概念是从大自然中体会得来。但有这环境的观念是一个起步，怎样设计一个环境是另一回事。**设计概念则是从剪裁的、选择的自然中产生**。换句话说，自然本是一个客观的存在，然而其能入画、入文的部分并不多。入画是一种选择的程序，故带有设计的意义在内。

自此设计之概念发展而为全然"设计的自然"者，即我国的园林艺术。但在今天看来比较重要的观念，是发展为计成的"因借"的一支，亦即以总体环境为思考起点的建筑观，亦即"剪裁地利用自然"。以人工去设计自然，其所遇之问题是要用人类的头脑与上帝争衡，必然要"走邪"，下文当再提起。但通过建筑的方法去利用上帝的手笔，则确是中国人的伟大发明。欧西的建筑界，直到现代建筑的整体建筑思想出现在都市景观上以后，才了解环境之一体性。西人所谓之都市景观（Townscape）实际只是借景在城市中之应用而已。

计氏那最有名的文章是这样写的：

> 园林巧于因借，精在体宜。……因者随基势之高下，体形之端正，碍木删桠，泉流石注，互相借资，宜亭斯亭，宜榭斯榭，不妨偏径，顿置婉转，斯谓精而合宜者也。借者，园虽别内外，得景则无拘远近，晴峦耸秀，绀宇凌空，极目所至，俗则屏之，嘉则收之，不分町疃，尽为烟景，斯谓巧而得体者也。[1]

---

[1] 计成：《园冶·相地》。

· "剪裁地利用自然"是中国人的伟大发明

"因"、"借"两字的相辅相成，是计氏思想中极为严谨而有组织的一面。"因"为就势，必因基地之特性而加以发挥。设计之手法，应彰显该"势"之优点，使发挥至极致，不应为建筑而建筑，须为整个环境而建筑，故"宜亭斯亭，宜榭斯榭"。他用"合宜"二字状写用到好处的"因"字，表示建筑的位置各得其宜，并发挥各独一建筑之用意，使与环境配合为一有机体。"借"为借景，是因势之原则。因势之利，除建筑群内部之适当安排，及建筑与自然景物的协调之外，是把基地四周之环境做"得体"之选择。不拘内外、远近，"俗则屏之，嘉则收之"，这样一个理想的妥善的安排，正是现代建筑师们苦心孤诣，以求到达的佳境。

四 南系建筑思想的病态

在上文中，我们相当仔细地分析了文震亨与计成两人所代表的南系建筑思想。我们觉得他们代表了我国知识分子在明清两代对我国建筑思想上的贡献，并说明了他们对建筑艺术了解的程度。这些零零星星的见解，在我们认为绝不是偶然的，甚至我们可以相当肯定一种类似建筑师的职业，曾经存在过。[1] 我们觉得应将他们的见解加以分析并标示出来，不但可以补足我国几千年来建筑思想的空白，并且可以把我国建筑史的系统重新加以划分，不一定把雕梁画栋的宫殿系统奉为正统，乃至造成一个真正现代中国建筑的难产，或者奇形怪状的异胎。

---

[1] 比如计成所谓谚云："七分主人，三分匠"，说明当时确是一种流行的说法。明季以后，文人之兼有书、画之长者，渐可赖以维生，因所谓中产阶级日渐抬头，职业有分化之趋势也。据之以推断园林家之职业，似无不可。

真正的建筑学是要在中产阶级与知识分子中生根的。因只有知识分子有治学必要的智慧，以及合理的思考方法。只有他们是肯脚踏实地做切合实际的思考，也只有他们拥有敏感的禀赋，可以为艺术之创造。在上文的讨论之后，我们必须承认，他们确实有他们的作法，而能别成系统，不如一般人所想象，为弃建筑于不顾。然则，一个真正的强有力的系统为何没有建立起来？他们在中国建筑史的地位为什么只是若隐若现的？我们若不能找出它的病根，则一个新的知识分子的建筑观永无法建立。

第一个原因，在我看来，是由于建筑师如同画家，未能专业化，必由士人兼能之。而士人"学而优则仕"，中国的读书人永远没有与官家脱离干系，因而官家的诸制度，无不或多或少地潜存在每个读书人的心中，且具有重要的影响力。因此之故，我国士人，或多或少有两面人的个性，有时候很不容易为一个现代人所了解。他们歌颂自然，与友人酬和退隐的闲情逸致，但心理上常常随时准备接受宫廷的任命。财富与名禄并不能轻易为大自然的景色所取代。

这当然是文化中过分的理想主义与过分的现实主义之冲突所造成的。而健全的建筑必须产生在健全的、发展均衡的现实主义与理想主义之间。比如说，中国士人是以陶渊明为理想主义者之代表的。如果沉醉于陶诗之清幽的读书人都满足于茅屋三间，建筑学自然是不必要的。绝对的精神生活中没有建筑思想的位置。可是他们的真正目的仍是在做官，而官运有时一定要善于折腰，属于过分的现实主义。读书人常常折腾于两者之间，无法安于现实。

在这种情形下，诗词的酬和，书画的馈赠，尚可凭一时的感兴与传统的技巧训练而轻易为之；对于耗资费时，又颇与社会地位相牵连的建筑，则不能不有所迁就，甚至背其道而为之。故笔者粗浅看来，建筑在士人阶级中，是这独特的心情的矛盾下的牺牲品。[1]

第二个原因，是与本文的讨论直接有关，应该在此作较仔细的说明。我们曾经一再提到，文人建筑思想中的敏感度，直接来自文人的艺术——文学、绘画与金石等。因此，显而易见的，文人的艺术中所拥有的缺点，亦不折不扣地带到建筑里来。不但如此，因为文人艺术的性格属于心性之陶冶，以现代的用语来说明，是在现世残酷的生活中一种求慰藉的方法，或者，一种忘我，一种对现实的逃避，对于需要健康而乐观的人生观为基础的建筑艺术，是不能十分契合的。至于流于颓废之艺术，更是相去远矣。

换句话说，建筑作为一种艺术，需要高度的敏感。对大自然、对环境、对空间、对材料都要有适当的美的斟酌。但这种敏感绝不能超出于实存的物质环境之外。亦即是说，建筑是与现实（Reality）脱不开的。

我们的文人艺术家们正是过度地使用了他们文学的心弦。由于他们对大自然的现象有着锐敏的反应，如果把人生的大问题，诸如生、死及生命的意义等，托附着反应于自然界的感觉表现出来，其结果是一种近乎唯美的伤感。伤感亦自锐敏的观察而来，但其结果却是不健康的，是幻觉的，脱离了理想与现实。我们的文人，在上节所述的矛盾的心境之下，**以这种不健康的伤感为乘载，划入梦境而不自觉**，反映在建筑上，是极为清楚的。在讨论反映在建筑上之实际问题以前，

---

[1] 一般文人笔记对园林之描写中仍多对雕梁画栋大加美誉者，而在《扬州画舫录》中李斗对建筑构造之说明，仍多因袭官制，可为一证。

不妨仍以文、计二位的文字，说明其沉溺之深。

自环境设计的思考，过渡到文学的遐想，其间的距离并不太远。计氏在"借景"的申说中有这样一段话：

夫借景，林园之最要者也，如远借、邻借、仰借、俯借、应时而借。然物情所逗，目寄心期，似意在笔先，庶几描写之尽哉。[1]

文中的第一句是说明借景，在时、空两方面均可施为。这是很健康的说法。第二句则是问题的开端。所谓"物情所逗，目寄心期"，乃是说因物生情，情发于心，目之所见不过表现了心之所期。这如同画界理论中的"意在笔先"，是一种纯粹唯心的说法。[2]换言之，计氏解释借景，不但向广大的空间与无涯的时间中借，而且借到心里来了。向时、空借，是意图增进物质环境的适居性，向心里借是为什么？是借取一个"情"字。心之所期，若解释为心象（Image）则对建筑之影响尚是可贵的，但他使用了"逗"字，说明是"挑逗"的意思，则"心期"只可解释为感情的触动了。有了这个"情"，则即使物质环境是恶劣的，是不适于居住的，亦可沉湎于感情之中而无所觉，在此，物只是一个生情之媒介，其实质存在并无关紧要的。所以在同段中，计氏索性提出"因借无由，触情俱是"的话来。想想看，谈了半天环境设计的大道理，

---

〔1〕 计成：《园冶·借景》。

〔2〕 "意在笔先"从艺术理论上说是可行的，虽然笔后之意与笔先之意有多少程度的接近是值得检讨的。在园林与建筑艺术中，如果这"意"字是指西方之 idea，则毫无问题。

这一句话出来，不是就被一笔勾销了吗？

文学的情操与建筑的情操是不一定相关的。世界的贫民窟中产生第一流的文学与艺术，本身却是建筑之癌。要触发一个"情"字，"片片飞花，丝丝眠柳"[1]就够了，与建筑何缘哉。但此处绝没有把建筑与文学之关系一刀两断的意思。环境设计，虽不一定要诗情画意，入诗、入画应当是一种很健康的价值。**但建筑上之诗情画意（Pictorisque，Scenographic）必须是实质的，呈现在视觉中，产生视觉的心理反应，绝不能是虚幻的，呈现在幻觉中。**"顿开尘外想，拟入画中行"不是真正的建筑的感情。在计氏短短的一篇文字中，使用了大部分篇幅，用诗词的用语，解释他"物情所逗，目寄心期"的意思，到一种荒唐而无病呻吟的程度。[2]

文学与绘画的想象表现在建筑上的另一个方向是夸大。夸大本是中国文学手法中借强调以增加效果的，并未可厚非。因为描写景物，必先有此动人的景物存在，情既为所动，则夸大的描写，只是加强读者的印象。比如一峰百仞，因其势高耸，在绘画中，画成千仞之气象，本无不可。可是使用在建筑上则不能不令人摇头。文氏之《长物志》，"水石"一段可供讨论：

> 石令人古，水令人远，园林水石，最不可无。要须回环峭拔，
> 安插得宜。一峰则太华千寻，一勺则江湖万里。又须修竹老木，

---

[1] 均为计氏用意，下同。

[2] 此种心象式的园林与建筑绝非计氏所独有，而系一种文人雅士间的普遍现象。清钱泳之《履园丛话》即曾提到"乌有园"、"心园"、"意园"等名词。

怪藤丑树，交覆角立，苍涯碧洞，奔泉汛流，如入深岩绝壑之中。

水石之使用，自两宋以来，在中国园林史上的发展是一个有趣的问题，非本文所应赘。但是文氏这一段话，确实是明清以来江南园林的精神写照，而且充分表现沉疴已深。"太华千寻，江湖万里"，是中国地理形势上的事实，其壮阔的气魄本是一个泱泱大国所具有，文学家们为此所感乃为必然。但用一块石头造成"太华千寻"的感觉，用一瓢水造成"江湖万里"的气势，甚至于"奔泉汛流，深岩绝壑"，若不是有精神病，则必然是做白日梦。然而，明清两代的园林设计多是这样去构想。

所以我们可以看出来，文氏心目中的庭园设计，是一幅立体的绘画，乃在创造一个真实的幻景，如同欧洲文艺复兴后期的布景艺术。就环境设计而言，到了这一步，已经"入邪"，其不能得到正常的发展，是可以预测的了。

明清建筑的形式主义精神

一 结构的机能主义的错误

在上文中，我曾就一般美术史家之所谓"明清建筑之低潮"一说，加以批驳，其中提到数十年来，我们对明清宫廷建筑的看法是犯着一种结构的机能主义的错误。戴着这副眼镜的人，认为结构是建筑的一切，结构的真理就是建筑的真理。这是一种清教徒精神，未始不有其可贵之处，然而要把它错认为建筑学的唯一真理，则去史实远矣。

这种看法是有其西洋的来源的。19世纪末，结构学与材料的知识使建筑界了解建筑形式的来源[1]，批评家们知道过去的建筑发展，不外乎柱子与梁的矩形结构，及由小块砖石砌成的拱顶结构。了解这一点对历史的研究是一大进步。从此以后，我们知道古典建筑是柱梁结构的系统，哥特建筑是拱顶结构的极致。可是从此以后，自罗马到中世纪之间的发展被看为多余，自文艺复兴至现代建筑的发展被看为多余，就很流行了。这种功利的观念传到现代，产生密斯·凡·德·罗（Mies

---

[1] 法国现代学院派学者 Violet-Duc 等自哥特建筑之研究开始了结构之机能主义的思想，现代建筑师密斯·凡·德·罗的理论完全基础于此。

van der Rohe）的一派，净化到只有结构，没有其他[1]，并因此流传开来，成为现代建筑物思想模式中的重要框架。林徽因在 20 年代，从美国学来这种想法，使用到建筑上，本是完全可以理解的。

此种以结构为唯一要素看建筑史的发展的错误，本是很容易指出来的。比如说，建筑如果是一种艺术，则应该是每一时代社会文化自然的反映，则只应有时代的不同，不应该有进步之说。换言之，艺术之价值不应是时代愈后愈高。如果我们一定要把结构看成建筑本身，则结构是技术性的，技术是有进步的，则后期的建筑必然胜过早期的建筑了。这显然是一个荒唐的结论，若照这个结论看，不但后期定胜早期，而且在砖石时代拱顶结构比柱梁结构为科学得多，岂不是拱顶出现后，柱梁就应该绝迹了吗？

在今天来反驳这种偏执之说已觉得是多余了。原来建筑是人类心智的创造，在创造活动中，所关联的因素岂只是一个力学的问题！力学之外，我们要考虑的社会、经济等因素，在今天看来，无一项不是较力学的为重要，而有些更重要的因素，恐怕还在我们的知识之外呢！

西洋人的这个大错误，在 1914 年，原经英人斯各特（Geoffrey Scott），在其所著《人文主义之建筑》中指出来。这本小册子有一章是对崇拜构造的思想加以批解的。他在结尾时说：

> 建筑之艺术不学习结构本身，而是学习结构在人类心灵上的效果。从经验上，它学着哪里要舍弃、哪里要掩遮、哪里要强调，以

---

[1]　L. Hilbberseimer：*Mies van der Rohe*，Chicago：Paul Theobald & Co.，1956.

及哪里要模仿那些构造的事实。它按着不同的程度创造一种人文化了的动力感。为了这个工作，构造科学是一个有用的奴隶，也许是一个自然的盟友，但确实是一个盲目的主人。[1]

这是欧洲文艺复兴时代的观念。那时候的大家如阿伯提（Alberti），很坦然地把建筑的形式从结构的形式中分开。我们可以说，建筑的外显形式要根据人类心理的要求去设计，为方便计，称其为"设计的逻辑"；建筑内在的力学的存在，为根据物质结构的需要而产生，称之为"结构的逻辑"。这两种逻辑若能吻合，是建筑的最高理想，在历史上很难找出几个类似的例子。即使找到，仍然有些装饰部分要在结构的逻辑之外。文艺复兴在建筑上之发展甚为迅速，但其立场却很困难。因为中世纪的进步而聪明的拱顶结构已经发展成熟，建筑师们却回头去欣羡一千多年前的古典形式。使用中世纪的建造技术，表现古典的心理要求，文艺复兴的建筑师要这两种逻辑分开，实在是理之当然的事。

现代建筑，因为技术与建筑材料方面的发展，要实行两者合一确比古人容易得多。我们先从砖石拱结构进步到钢与钢筋混凝土的柱梁结构，文艺复兴时代的困难没有了。二次大战以后，又有不少的混凝土形式做出来。有人遂夸口说，现代没有一种想得出的形式不能合理地建造起来！

可是即使在技术发达的今天，美国仍然要在混凝土墙上贴砖，以

---

[1] Geofrey Scott: *The Architecture of Humanism*，New York: Doubleday & Co Inc., 1914, p.96.

模仿一种落后的技术所能提供的心理的与社会的满足。[1]人文的因素仍然迫使结构的因素退居于次要地位。

由于这一了解，我们必须对形式主义另眼看待才成。[2]形式的后面有一些意义应该先找出来，加以解释。不如此，明清建筑形式主义倾向的一面，无法辩解。

首先，**我们要承认形式的要求是一种机能**。在今天，建筑师代表业主从事建造，若偏重形式，是其个人的要求。在工匠的时代，形式是一种机能，我们并不能很清楚地列出它属于何种机能，但有时是社会的心理的必然。有关这一点，我们可以借用沃林格在20世纪初所提出的"形式意志"的观念。他在讨论哥特艺术的形式的时候，曾有下面的议论：

> 如果我们不能彻底了解其表现的必然性与秩序，则每一艺术品对我们都是一本难解的天书。因此，我们必须找出哥特的形式意志，这种造型的意志是由人类的历史的需要所发展出来，而强烈地，丝毫不爽地表现在哥特大教堂的哥特衣褶的最纤小的皱纹上……[3]

---

[1] 美国的费城学派开始于50年代后期，以路易斯·康为首，康之名作，宾夕法尼亚大学医药研究大厦开现代面砖之先河，而50年代后期以来英国之"粗犷派"亦为类似的主张。

[2] 形式主义产生于文艺复兴之后，而为现代建筑所唾弃。晚近名家之主张恢复形式之精神者，以文丘里为代表。见 Robert Venturi：*Complexity & Contradictary*，New York：Museum of Modern Art。

[3] Worringer：*Form in Gothic*，p.7.

沃林格的议论，是说明任何形式都有它的必然性，都有它历史性的意义，换一句明显的说法，即是形式代表着某一时代之特殊的要求，或者说，一种机能。

如果我们接受这一看法，则不能不说形式是机能的较细的分类，而且要把形式的演变与因袭分开。对认识明清建筑，这一点非常重要。建筑在历史的发展中，后人一定受着前人的遗物的影响，其借用前人的技术、形式、语言，乃为不可避免之事。后人借用前人的语言，久而久之，有所更改增减，也是必然的，因为社会文化在变，建筑的形式在变，渐变亦是一种创造，不可认定为因袭。[1] 雅典的巴特农庙是一个演变的结果，不是独创。明清自宋元而来，建筑因唐宋之旧不为过，其演变渐脱离唐宋之羁绊亦不为过，问题是看我们如何去了解而已。

清教徒史家的严重错误可以下例为证明。我们知道清代宫廷使用之大柱，因木材缺乏，多用小木材以麻绳捆扎成为大料，外被油漆以乱真。这个事实本是清人对现实问题的一个解决，一个相当合理而聪明的解决。如果以今天来看，这种技术，是人类史上合成木材的开端，但由于清教徒史家们本着"真"的精神对假木柱的做法有所不能容忍，"披麻捉灰"就成了明清建筑"衰落"的一个证明[2]。如果用他们的语言把这批评翻出来，就是大柱应由大木材表现，小木材只能做小木柱，用小木做成大柱就犯了形式主义的毛病。我们必须抛弃这种成见而后方能从明清建筑中看出其意义来。

---

〔1〕 渐变的重要性常常被忽视的原因，乃是渐变过程中其内容变化较大，外观变化较小，后代史家不很容易觉察出其内在的观念上的变异。现代社会美术史家，自另一角度着眼，常可看出很多内蕴。如 A. Hanser 对美术史之研究，可为一例。

〔2〕 营造学社以来的著作多因袭此说，见黄宝瑜：《中国建筑史》，第 93 页。

二 明清建筑形式主义的倾向

在讨论其价值前，我们要先了解明清宫廷建筑在形式上演生的事实是怎样。我们知道，明初诸帝，自洪武至永乐，颇以驱除鞑虏、重建唐宋的制度为己任的。明初的若干气象，有一些唐宋的意味，故有些建筑史家称此一时期为中国建筑的复兴时期[1]。但这个复兴只能是精神上的。明已去唐远矣，至清，唐已经成为一个影子。[2] 故明初对唐时的追忆，是一种民族思想的反映，好比在欧洲罗马帝国覆亡后，一千五百年内，一直有罗马帝国的影子反复出现，而却各有其独特的文化。我们不能用唐文化去权衡明清，如同不能用罗马帝国去权衡巴洛克的神圣罗马帝国一样。

换句话说，明初汉人复兴以后，他们有意识地把金、元建筑的成绩抹杀，而设想一种唐时规模去模仿，表现了很深刻的历史演变的意义。明人不能明白，辽金的建筑是直接得自唐人，南宋的建筑恐怕离唐比金、元尚远，比如辽金是没有营造制度的。唐人并没有严格营造的制度，故作品却有新创，但宋有《营造法式》，宫廷大体因袭其制，南宋仍之[3]。明代的唐式建筑体制不过是把宋式宫廷制度，做更严格、更具体的规定而已。我们已看不到明代的《营造正式》，但其为介乎宋《法式》与清《则例》之间的东西应无疑义。这一点使我们了解，不论文化的表层多么倾向于恢复，文化演变的本质仍在时间与客观环境的影响下，

---

〔1〕 伊东忠太曾有此说，见《中国建筑史》，第35页。

〔2〕 民族复兴是观念，而非实质。大体言之，明清文化仍为宋元之推演，并无上接隋唐之证据。

〔3〕 南宋有《营造法式》之版本可为证明。

有着推陈出新的意思。

从这观念去探索，则发现明代官式建筑的体制是进一步的形式化——格式、制式支配一切，从纯形式上看确是僵化。但这僵化的趋势，实在说起来，是明清帝王制度进一步集权的具体反映；它是有其社会性的意义的。唐宋以来逐渐发展的中国本位的仁慈的统治，在元以后消失，真正的中央集权建立起来。若干为大家习知的制度，如取消千年历史之久的宰相制，如"廷杖"以当众侮辱高级官员的刑制，均说明帝王与臣僚之间的距离日渐增加，帝王深宫独居，渐渐成为真正的"天子"身份，周以来"民心为天命"的观念，为"我即天命"的观念所取代。[1]从建筑上看，永乐皇帝由蒙古皇廷的纵恣作风学来了不少。

宫廷的建制愈严格，愈说明帝王生活空间与仪式空间的距离须要增加，愈说明宫殿建筑脱离其生活机能，需要成为仪式的专用品。明清的离宫别馆即说明这制度的双面性。所以我们看明清的宫殿，应该以宗教建筑视之。

至于明清的庙宇建筑，其形式僵化的倾向则另有其缘故在。[2]明清的宗教是衰微的。佛教的势力减低，教派为禅宗与净土宗。禅宗的两派已经人文化了，净土宗则沦为迷信，流传于下层民间。宗教的衰微与君权的伸张是不矛盾的；它表示财力的他移，信仰的低落，也可以暗示俗

---

〔1〕 Wolfram Eberhard：*A History of China*，"*The Period of Absolutism*"，University of California Press，1966，p.257.

〔2〕 明庙宇建筑之衰微，可以苏波氏对智化寺的说明为例。见 Alexander Soper（w/ Sickman）：*The Art and Architecture of China*，Part Ⅱ，Chapter 37，Ming & Ching，pp.283～284，England：Penguin Books Ltd.，1956。

世文明的胜利。庙宇在此情况下，亦成为一种形式的点缀。由于宋以前流传诸宗之严格宗教仪式已不存在,特殊平面的计划变成不必要的了。[1]

在这里，我们必须把明清以后庙宇建筑发展的另一个意义加以解说。宋元减柱法的消失、形式的僵化，说明建筑物本身的仪式空间的意义改变了。这个转变的社会基础，在此有做一假说的必要。明清以前，庙宇多由大家族舍宅而来，或由贵族王公捐助。这是自佛学来到中国的六朝时代就开始的。[2]这种以贵族社会为基础的庙宇，因为带有施舍者的个人之骄傲在内，其建筑之求堂皇高大是必然的。这些施舍者通常有足够的人力与物力来建造或维护这庙宇。其中一个要点是，这些庙宇基本上是为某人或某些人而建，庙宇属于使用此庙的僧尼，作为静修之用，与社会大众没有多大关系。除了特别的庆典以外，庙门对外是关着的，而且有"门头僧"把守。[3]在此情况下，殿庙之安排与室内之空间，有一定的僧侣赞颂神佛的仪式作为设计之根据。换言之，建造庙宇之工匠是有一个仪式的影子在脑子里的。

---

〔1〕 有关明清一般宗教建筑使用上的改变，可自佛教史上明清以后衰微之情况加以说明，据陈著《中国佛教》一书中，明清以后新兴寺院多以一般群众为目标者，至此贵族则转崇喇嘛教。见 Kenneth Chen：*Buddhism in China*，Princeton Univ. Press，1964，p.436。

〔2〕 北魏《洛阳伽蓝记》多有舍宅为寺之记载。

〔3〕 我国古代庙宇常常为寺僧而建，而非为公众而建，可见于正史与野史。历史上时有帝王赐庙为僧尼安身的记载，下文之叙述未有明确的史书为证据，庙宇建筑在我国文化中机能之转变，实有待专门研究。然自佛史上可看出宗教机能之转变，自宗教机能推论其庙宇之社会功能，比照欧洲 12～13 世纪之发展，应该没有太大之出入。此种转变及其对庙宇建筑之影响是否产生于明代，甚或更早，没有很大的重要性，因两者必然共存，至于现代，此种转变应以大势视之。

明初以后，宗教的衰微意指宗教在统治阶级中失去地位。宗教之社会性的转变产生了。宗教的教义在民间开始混糅、杂交，形成一种带有浓厚迷信意味的多神教，佛寺、道观的分野慢慢泯没。支持庙宇生存的社会阶层，由上阶转至下层，甚至使得很多庙宇不得不由小民们的奉献来维持；这种"香火"的供奉，又与奇迹迷信的创造成为一种循环。

这种转变有两大结果。第一是庙宇在财力上的来源有限，规模很受限制；而且在以迷信为宗教核心的社会，庙宇的壮观与否，并不与"香火"的关系成正比例。第二，庙宇必须对群众开放，并设置各种民间神祇的神龛，以及收集最大多数的奉献。比如说，求签变成每一神前所必有的一种机能了。经过开放后，僧侣使用庙宇的身份，降低为辅助性，而庙宇本身必须以群众为对象存在。这一现象不但在城市的庙宇是如此，山野中的庙宇亦是如此。对于建筑物的配置来说，一种开放性的设计成为必要，仪式性的空间变为次要。

此一社会需求的改变，对庙宇平面的影响，颇像欧西中世纪自仿罗马时代到哥特时代庙宇平面之演变。其由僧侣的庙宇到群众的庙寺的发展过程亦可作为平行的现象来考虑。远在唐末的五台山佛光大殿已经有环道（Ambulatory）的存在了；这可说明（如果未经后世改造的话）唐代朝香圣寺（Pilgrimage temple）已须考虑多神祇的供奉，以吸引香客。（或者只是众星拱月的性质，盖神数众多似八百罗汉，神前均无香台也。）但明清以来的特有的现象是把每一殿的后面在中轴线上开了门。这样一来，使中国传统的如简图 a 所示的运动线，改为如简图 b 所示的较直接的运动线，并沿着这运动线布置了各样的神祇与上香台。这个新动线的打开，无疑便利香客在较短的时期之内朝见较多的神祇，并使庙宇的严肃与神秘感减至最小限度。

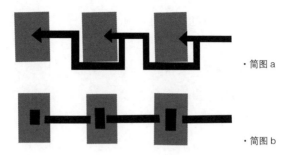

· 简图 a

· 简图 b

以朝香客作主要对象的庙宇，如果坐落在山区，则自然产生一种新的机能要求，是为客房。愈是闻名的庙宇而能招来多数朝香客的，客房施设的要求愈高，僧房的比例愈低。而最后的发展是，寺院的回廊均为客房所占用，正殿宛如包围在旅社之中。

在此情形之下，殿内建筑之空间安排显然变成次要的了。我们看明清的庙寺，应着眼于个别的神祇的供奉，不能把它当作西方的教堂来看。故建筑形式的僵化，自某方面着眼，是单元性的建筑的重要性降低了，本谈不上是一种退化。

形式化的倾向中，在制式的发展的同时，是装饰性趣味的增加。装饰趣味意指把结构与构造系统的必要性加以掩饰，代之以悦目为目的的细节。有时因为装饰的需要，把结构的意义牺牲了，危害到建筑物的安全。换句话说，形式美成为需要考虑的因素。在清教精神的机械主义者眼中，这是一种罪恶[1]，但是我们在认识形式主义的发展时，必须自表面与形式两方面分辨，即装饰的意义有两种，其一是表面的

---

〔1〕 现代建筑师劳斯（Adolf Loos）首倡其说，虽未被广泛接受，却成为新建筑时期一种基本态度。

装饰，比如我国彩画及中东建筑之细致镂刻，其二是为完成造型上的需要所必具的视觉重点，如西方建筑的柱头。第一类由于偏重于象征的意义，以结构为主体的历史家们轻视其存在，但因其为一切建筑的共通特色，故不成为攻击的对象。他们认为不能忍受的，多是由于视觉的需要，而对力学的逻辑有所牺牲者。

如前文所述，设计的逻辑是可以与结构的逻辑分开来看的。我们觉得，中国建筑在唐宋成熟之后，如果不能更换整个建筑结构的系统与材料，其发展的方向只有一途，即形式的精炼（Refinement），否则只有对唐宋依样葫芦的模仿。如果我们承认在形式的发展上是必然的，我们就必须忍受结构的不合理之处。剩下的问题是让我们看看，明清形式的演变是否走向理想的形式之精炼。

在进入细节的讨论之前，我们必须把明清官式建筑发展的大趋势提出来，即：**明初以来，中国建筑纪念性的要求逐渐加强**。这一要求是与中央集权绝对专制政治所俱来的。政治上的权威与宗教的天命感相叠合，产生永恒的表现的需要，在明清的建筑发展中，是一个潜在的不断的挣扎。由于木造建筑在纪念性表现上的困难，我们不能不体谅匠人们的苦心。如果中国建筑能在明初改为砖石结构，则今天我们所看到的指斥，恐怕都要成为赞美之辞了。苏州及大同双大寺的无梁殿，使我们对我国匠人有充分的信心。其对砖石结构的认识，对砖石造型的纪念性趣味，均已掌握到与西方相当接近的程度。

西方历史家大约都同意古希腊建筑是自木造演化而为石造的。由于木材作为建材的限制，古希腊人在木建筑上的成就，无疑因为时过短，不及我国唐宋的标准，但是后期石造建筑上已经使用了大量木造时的细部，作为软化石材的有效方法。这些雕凿本毫无结构的意义，却没有任何历史家予以攻击或批评的。完全相反，我们觉得由于这种聪明的借用方法，使希腊的庙宇成为人类史上最辉煌的伟构。

由于种种原因，有些是物质上的，有些是社会与文化上的，我国的建筑传统没有走上砖石一途。但是这并不能说，木建筑的纪念性倾向有任何错误，或我国建筑的纪念性表现有任何牵强之处。木材是一种短命的材料，要用来表现纪念性，当然是很困难的，但我国的木建筑在三方面的特点，具备了表现纪念性的条件。第一个特点是我国木建筑是土、木混用的。土石之台阶、砖土的厚重墙身与土结构的混合，可能是我国原始建筑以来的独有特色。[1] 在视觉上，石愈高、墙愈厚，愈增加建筑之永恒与威严感。木石对比的效果，常使石材的纪念性增减若干倍。英史家福格森（James Fergusson）初游北京时，为午门前砖石墙身上建木构之纪念趣味所感，特别提到此对比效果。[2] 而这是福氏对中国建筑所讲的仅有的一句好话。

我国木建筑的第二个特点是柱梁结构，而柱子成为决定平面配置的主要工具。这一点与北欧系统的木建筑完全不同。柱子，特别是独立在空间的柱子，是有其独特的象征意义的，这一点在吉迪恩（Sigfried Giedion）的《永存的现在》一书中，曾有详尽的论说。[3] 尤其是我国的木柱，通常不露木纹，而多被以彩色，且在纪念性建筑中，其柱多既

〔1〕 见汉宝德：《中国建筑斗栱的演变》，载《建筑》双月刊第八期，建筑双月刊社。

〔2〕 James Fergusson：*History of Indian & Eastern Architecture*，Book IX *China*，1891，pp.706 ～ 707.

〔3〕 S. Giedion：*The Eternal Present*：*The Beginning of Architecture*，Part XI *Supremacy of the Verticals*，Bollingen Foundation Ⅱ N.Y.，1964，p.435.

高且大，故其外表，远超过其木材之性质。负重的柱子在我国建筑中成行成列，无疑是增加其韵律性与纪念性的。

第三个特点，是我认为最特殊的一点，为屋顶部分的厚重。北欧系统的木建筑倾向于多层，而屋顶虽大却显得轻快，时有屋顶窗穿插其间。我们的木建筑因为是单层，故屋顶部分显得非常大，而三角形部分，在大多数的情形下，为显露在室内的。宛如西方人以穹隆为室内的天花装饰，我国对木架的结构美与上施的彩色，无疑是颇引以为傲的。由于这种对屋顶完整性的喜爱，我们浪费了这部分空间，而使得外表看来，有一种非木材的深沉。当然，釉面又叠砌多层的瓦，是造成厚重感的另一因素。厚重与纪念性是同义语。

这三大特点，土石台阶与墙身的量感，荷重柱列的韵律，加上釉面的厚重屋顶，是宫廷建筑纪念性之所寄。我认为，自宋元至明清，建筑在形式上的沿革，只是在纪念性要求的大趋势上一些枝节的修改、演化。我们了解了这些，则看明清建筑，就换上了一种眼光。我们就**不一定去同情木结构的逻辑，转而寻求形式的逻辑**。事实上，自宋至清，宫廷建筑是逐渐抛弃了早期木结构发展中的逻辑的。我们看到结构部材一一消失了，从我们这部分的分析，可知木结构本身对建筑物的纪念性，并无多少意义。

由之，下文中对明清建筑形式上的争辩，均着眼于形式，即纪念性形式的立场。当然，明清建筑在结构逻辑上的衰落是一个事实，本无可否认。为明清建筑辩，不是维护其结构的特点，乃是寻求其形式后面的意欲。无可讳言的，明清的宫廷建筑不是完美无缺的建筑。

三 大木结构的形式化

大木结构的"退化"是明清建筑受指责的主要原因。让我们选几个比较重要的例子，以说明这些退化的现象何以有所失亦有所得。为求先解决争执最炽烈的部分，我们将自最令人注目的斗栱开始。

（一）斗栱饰带化

后期斗栱的发展与批评，我们仍借林徽因的几句话。她在一连串插图比较之后，有下面的说法：

> 插图七是辽宋元明清斗栱比较图，不必细看，即可见其（一）由大而小；（二）由简而繁；（三）由雄壮而纤巧；（四）由结构的而装饰的；（五）由真结构的而成假刻的部分如昂部；（六）分布由疏朗而繁密。[1]

这几句话是说明了事实的真相，表现上本没有什么批评的意义，虽然暗含着褒贬的味道。她在第二段的结尾时，总算把原意说出来了：

> （明清斗栱）不止全没有结构价值，本身反成为额枋上的重累，比起宋建，雄壮豪劲相差太多了。

她以"雄壮豪劲"作为标准，等于把明清斗栱的价值盖棺论定。

---

[1] 见梁思成：《清式营造则例·绪论》。

她的意思为后人所普遍地接受与激赏，即使那些以抄袭清式为业的建筑师亦不敢稍为违犯。

我无意完全否定这被大家所承认的意见。本文所欲讨论的是另一个角度。但在进入讨论前，应提醒读者斗栱系统从未是中国建筑架构的有机的必要的部分。我国建筑中之斗栱系统，本身是一种装饰，是一种宫廷建筑所特有的东西。[1] 从结构的本原看，它本不真正是建筑结构中有机的一部分。换言之，即使没有斗栱，我国木系统仍可以存在，出檐的深度亦可存在。[2] 斗栱之产生与发展，我们将另文叙述，但是此处为提出问题，不得不将宋元之斗栱系统归并加以说明，以便比较。我们只能说，**唐宋以来斗栱在中国架构中所扮演的角色是一种有机的装饰**。为方便计，我们取林氏所用之"斗栱演变图"来考察。试看自宋至元为林氏赞为"有机"的结构，有多少部材是必要的？独乐寺观音阁的上层结构是最"有机"的，我们仍然看不出"重昂"所代表的意义，及若干水平走向的斗栱的价值。至于广济寺的三大士殿，虽然部材仍然很大，但其斗栱在结构上的作用以其梁材的高度来比较，仍然是有限的。

故从某种观念看，**斗栱在中国建筑史上的演变，从未到达真正"成熟"的时期**。系统化发生在唐代，格式化发生在宋代，结构与造型均恰到好处的时代从不曾有过。若我们从形式上看，则可看出一个演变

---

〔1〕 这种说法等于否定了斗栱的结构意义，而承认它开始即是装饰的，至少是没有必要的。持此说者有刘致平，见刘著《中国建筑类型及结构》。斗栱一如任何建筑部材开始时必然是机能的，笔者在另处有一假说，以综合中国建筑大木之形态与斗栱之发展，此处不赘。斗栱专属宫廷建筑，自唐代始以明文规定。

〔2〕 比如法隆寺之深出檐并无复杂之斗栱系统之帮助。据目前之史料，可以确定汉代建筑之出挑与斗栱关系甚小。

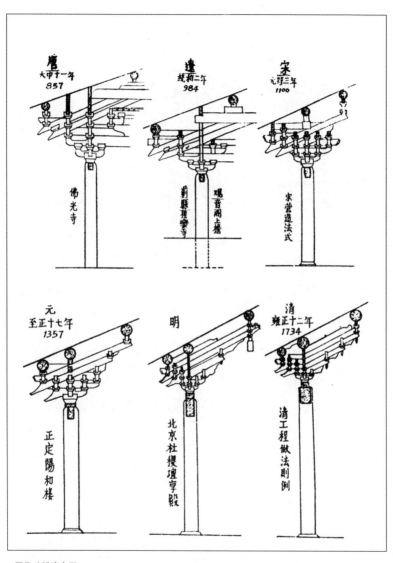

· 历代斗栱演变图

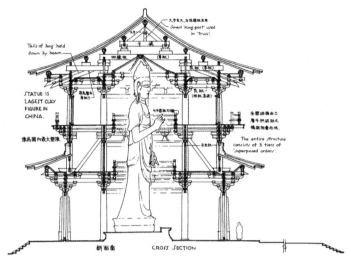

• 观音阁断面图

的方向，可能是尚算合理的。因为它始于装饰，终于装饰，明清只是发挥它装饰的作用而已。

　　有了这样的一个认识，再回头来看独乐寺观音阁的断面图，则觉其意味缺乏了。垂直的结构部材，柱子占二分之一，斗栱的复杂构成占二分之一。在形式上，这斗栱所造成的是枝丫交错的感觉，因缺乏结构的必然感，实难说是一个精心的艺术结构。部材的"雄壮"并非形式美的条件，秩序则较为重要。如果我们仔细斟酌起来，则觉在木结构中，只是一个柱与梁间的过渡部分，竟可占去二分之一的柱身高度，岂不是有些荒唐？由之，我们几乎可以说，明清建筑中之"由大而小"并不见得是一种大病。

　　在斗栱的发展中，其结构的作用是存在的，因其早期的结构意义，其构成部材必须简单，迨后期之发展，斗栱在形式上的意义被看重了，结构上的意义被轻视了。由于其起源本是装饰性的结构部材，这发展本是理所当然。唐代补间铺作的产生，使斗栱在梁枋上的连续感成为视觉形式上的一大改革。宋《营造法式》中示明在宋代，假昂开始出现，这表示连续性的要求已经化为行动，使柱头铺作的结构的意义消失，与补间诸装饰味较浓的斗栱，排成一列。在 11 世纪的华严寺中，经藏殿的细部，显示斗栱连续性在当时工匠的心目中已是必然，其完全实现在建筑上，只是时间问题而已。[1]

从独乐寺观音阁的斗栱看，补间与柱头铺作的分别，实在是形式上的一大问题。真昂，由于其为斜材，与为装饰性的其他直角相交的部材，有一种难以相处的感觉。宋以后的假昂，实在是泯除了这种缺乏统一感的部材，化为纯装饰性的一大有效步骤。

连续的观念冲淡了结构的意义，是明清斗栱的发展起点。由于这连续感，每朵斗栱必须单元化。朵与朵之间，又必须减小距离，斗栱之内部结构尽量求其外表的丰富，避免显露裸露的结构或构造。而这整个的系统，必须与支撑屋顶的间架系统分开。这都是逻辑的发展，都是"由大而小，由简而繁"的原因。这简、繁的观念是值得进一步的澄清的。**唐宋的斗栱从结构上说，为"简"，在视觉上说则为"繁"。**盖对一般人而言，枝丫交错是一种"繁"，连续的饰带则为"简"。笔者个人认为从勉强的斗栱结构，到顺理成章的斗栱饰带，是一个很重要的进步。明清建筑的真正缺点，不在于结构饰带，而在于没有因此

---

〔1〕 在北宋的界画中，可见宋人对宫殿之斗栱已看成连续的饰带，而唐代敦煌壁画中则常常看到斗栱的细部。

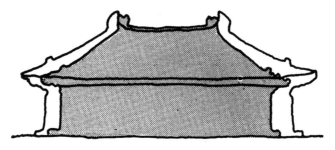

·唐、清两代建筑正面轮廓比较

发展为另一种健全的、合理的结构系统。这一点，当然可以归之于未能使用砖石结构，但同样的也可以说明清的发展确实短少了坚实而稳固的基础。[1]

饰带观念的产生连带着有几个后果可在此讨论。第一，斗栱变成饰带后，其总高度不能不减小而成为梁柱之上的东西。这个观念可以古希腊的庙宇为参考：其梁上饰带通常与梁高相差无几，否则在视觉上就成为一种累赘，令人感到梁枋不能负荷。从这里看，清《工程做法则例》把斗栱定为柱高的四分之一并不能算很小。在外表看，大约只占柱高的八分之一，是近乎恰当的。

第二，斗栱系统缩小了，但明清匠人未曾把结构问题解决。汉代以来，利用斗栱出挑之事实到此结束，但出挑之技术并没有解决。这时的匠人们接受了一个事实：减少出檐的深度。对于出檐的深浅之是优是劣，为另一个角度的问题，我们不能不略加申说。出檐之

---

[1] 欧洲文艺复兴的建筑是装饰性的，分开了形式与结构，但是他们有坚实的砖、石建筑之基础，来自罗马与中世纪；其表达的观念与内在的结构虽不一致，却属同类。

· 北京故宫中和殿

· 希腊宙斯神庙

来源甚古，其实际的功能恐亦限于南向面夏季之遮阳。自现代的知识看，外缘遮阳可帮助制造室内气流，对夏季酷热的北方气候，是很要紧的。但这种功能，早已使用在形式的寻求上，形成一种习惯的做法，并不一定代表任何功能意义。明清建筑减少了出檐，但却在大多数建筑物的前面设了廊子，把檐柱四面临空，用前金柱作为外墙界。严格地说起来，这是解决夏季酷热问题比较合理并彻底的办法。

连带的在形式上，这是一大革命。[1] 四周或前廊的柱子独立出来了。连续的斗栱缩小，出檐缩短，整体形式塑体感开始发展，正面已经有希腊庙宇正面的规模了。

到此第三个连带的后果的必然性就显出来了。由于斗栱增多，传统的说法是重量增加，因此由额加大来负荷不应有的重量。这个说法

---

〔1〕 是否为一革命，待考。奈良唐招提寺金堂为 8 世纪物，已见前廊，唐大雁塔石刻及敦煌壁画所见，内多为佛像，甚难判定是否为廊，然可判定当时之逐渐废除地槛。南宋以后之界画中，为求空间之流动感，似多用独立柱于亭阁中，充分了解独立檐柱之意义，见元李容瑾《汉苑楼阁图》，然其使用恐至明清后方展开。

是有问题的。斗栱单位增加，但其体型减小了很多，且已不受深远出檐的荷重，何以因此增加由额的高度呢？在这一切理由之外，我们必须承认形式上的意义。即自正面看，由于梁材垂直于正面，其厚度不能自外表觉察，由额为一种枋子，料太小而无荷重感，故明清匠人加大其深度，以暗示梁面。故自此意义看，增大的额枋，为视觉上的假梁。事实上，在较严肃，特别重视形式高贵感的大型建筑上，一层额枋仍然是不够的，乃有大额枋、小额枋甚至由额垫板等部材，为了这一深度的部材，使斗栱的饰带感增强了，宛如古典庙宇饰带以下的architrave。从结构上说亦有其意义在。因宋元的檐柱多在外墙的面上，门窗的框架可发挥水平方向固定的作用，而明清的檐柱独立后，失掉了门窗框架，不能不由额枋的增加来辅助这一力学的需要。

总结这些形式的观念，宋元与明清之间的演变，不过如此耳。

（二）开间问题的讨论

我国唐宋建筑的正面开间虽亦有当心间、次间等名目，其各柱间距大体上是一样的。今天我们看见的日本遗存之受六朝与唐代影响之建筑，开间均依结构之原则，各间距相等。宋《营造法式》方正式把当心间的阔度定为其他柱间的大约二分之三。（规定为由补间斗栱的朵数决定，柱与柱间一般为一朵，当心间为二朵。）即使唐末五台山佛光寺正殿，正面柱子亦是均匀布置的。自有斗栱以来，大体上说，是柱头铺作之外，柱间有补间一朵。可是由于事实上的需要，把当心间加宽之举，恐已早就为大家自由应用的了。大雁塔门楣石刻所示，当心间显著加宽，以衬托佛像之身份。该石刻构造之明晰，表示其必为现实中所存在者。

对明清开间问题之批评，据笔者所知，首由亚历山大·苏波氏提

· 唐大雁塔门楣石刻

出。他对明清建筑之贬抑，大多出于偏见，文字带着强烈的主观感情的意味，与他对早期建筑的精当的分析，如非出同一人之手笔。对这问题的提出，他是在谈到北京智化寺如来殿，连带着批评的。他说：

> 如来殿的平面与各看面显得对柱间缺乏敏感。柱列很不均匀地排列着——中央柱间非常之宽，两侧柱间又非常窄小，看不出一点明显的韵律。[1]

苏波氏在对唐宋建筑的分析中，是一个机能主义者。但是其对明清建筑的批评，则使用一个形式的字眼，而未能多加思索。历史家的态度不应如此。对于开间问题，我们要提出两点意见加以讨论。其一，

---

[1] Alexander Soper: *The Art and Architecture of China.*

明清建筑的形式主义精神 | 57

这种特殊形式的来源是什么？我们如能找出形式背后的因素，则形式可以另眼相看，就不觉其"缺乏敏感"。其二，"明显的韵律"在形式上有若干意义，在中国宫殿建筑中，单一韵律的意义是否值得商榷？

面对第一个问题，要解决两项疑难，即当心间过宽，与稍间过窄的发展的原因。当心间过宽的讨论，曾于前文提起，乃因心理上与事实上的需要。对于宗教与仪式性建筑，正面入口的柱间有特别标示的必要。欧洲文艺复兴以后的建筑，在处理甚长的正立面时，要靠入口的标示以使过分呆板的形式生动化。从我国建筑的发展于六朝与初唐在日本的遗物看，似乎尚保有很严谨的正统做法，盛唐以后，正统而呆板的方式显然已不再满足形式上的要求，结构的表现与机能的表现之间开始冲突，虽然依从正统者即使在清代仍屡见不鲜。

古希腊与罗马的庙宇在空间上说，是一件物体安置在空间中。其所造成之活动大都在户外，故其正立面几为一纯视觉之存在。迫其形式原则使用在具有行为意义的建筑物上时，有时亦不得不加以修正。雅典卫城的大门之入口柱间显著加宽是一个很好的例子。后代使用古典的母题处理入口问题时，常舍弃庙宇，而取凯旋门形式，即因庙宇为一过分单纯而缺乏行为意义的形式。[1] 文艺复兴以后取庙宇正面为庞大建筑物之入口的重点处理手法，则为利用庙宇之象征性意义，收提纲挈领之效。综之，当心间之加宽，实为一世界性现象之中国区域性表现，代表在建筑上，对尊卑观念的体认，是必需的，没有很多反对的余地。

真正有商榷余地的倒是稍间的显著窄小。当心间加宽，两翼仍有

---

〔1〕 阿伯提最新使用凯旋门于教堂建筑于里米尼之圣弗朗西斯科教堂。见 Pevsner: *An Outline of European Architecture*，Baltimore: Pelican Books，1943，p.188。

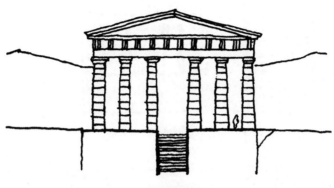

· 雅典卫城大门

均匀的柱列，仍然可以看出一点"明显的韵律"。但在一个最通常的七至九开间的正面，当心间特宽，两稍间特窄，每侧中间只有二至四标准柱间，则确实缺少了"明显的旋律"。要卫护明清建筑上的这一个特点，需要多方面的了解，有些是可以肯定的理由，有些则需留得后日的证明。

稍间特窄的原因，在建筑史的发展上，大约可以从三方面看，第一个来源，笔者认为是环周回廊。宋《营造法式》中有所谓"副阶周匝"制度[1]，意即在大殿的四周，有一圈环廊，在重檐之覆盖之下。这种平面布置的来源不详，也许是从休闲性建筑的游廊中借来，也许表示宋人已体会到柱廊的深邃的空间趣味，好像古希腊人在庙宇上使用柱廊一样。建于宋崇宁元年（1102）的山西晋祠圣母殿大殿，是最古的例

---

[1] "副阶"即重檐中之下檐之意。虽我国自《考工记》中即记载"重屋"而一般看法均解释为重檐，但重檐之装饰性出现于殷代，实为令人难以了解之事。解释为二层楼也许较近情理，或为柱身过高时，檐下再加之遮阳檐。宋前之遗物未见有重檐之制，宋《法式》中有此制度，自无法证明为始自宋代，却可说到宋代而官式化。苏波氏认系来自北方。

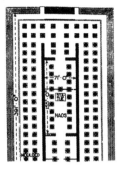
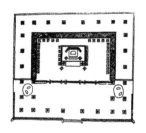

·希腊阿尔忒弥斯神庙平面图　　·山西晋祠圣母殿平面图

子，其平面的意义将有另文讨论。我们在此注意的是其回廊的后面大部分与建筑物的室内毫无连系，但却由此造成正面柱间两翼特窄的现象，盖廊宽显然不能同于一般柱间也。这圣母殿可说是现存中国史上第一座缺乏"明显的韵律"的例子。

回廊的好处，是在以院落两庑为配衬的正殿中造成较理想的空间连续感。后世沿用者甚广[1]，但并未形成一标准做法。也许是因为元后串连中轴的通道盛行后，回廊失却连通的效能之故。但是这种稍间以廊宽为标准的习惯，显然是由于废廊为室内之一部所造成。清故宫三殿之中和殿为有回廊者，其正面柱间之不协调感，已为廊宽之外显所抵消，太和、保和二殿边廊，在形式上则暗示为一廊。

笔者认为具有回廊的建筑多是明清建筑中的佳作。中和殿的形式价值不亚于巴特农庙，是明清建筑的珍宝。太和殿由于机能的关系，没有使用边廊，是一大形式上的失策。

稍间特窄的逻辑的另一端是构造上的。中国大木的最弱点亦其最具有特性的一点为其角部。角科斗栱的复杂，及角部上部荷重使得屋

---

[1] 笔者手边之资料，清代五台山有数例为使用回廊者。

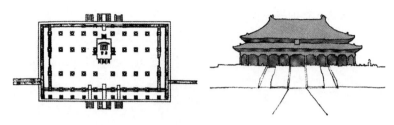

· 北京故宫太和殿

角成为中国建筑最脆弱的一部分。独乐寺观音阁的屋角是靠后加的支柱勉强保存着的。

这个现象在宋元以后斗栱系统装饰性增加、用料趋于单薄以后，更为明显。要解决这一问题，回廊之存在是有帮助的。因为廊之跨距短，柱间窄，上部结构之刚固性强，可以帮助角部的牢固结合。在比较正式的大殿里，狭窄稍间从两面相交于角部，形成四根柱子相结合的局面。

这种柱子平面的布置，对角梁出挑自然是一种方便。由于对角线的距离减少，角梁可以缩短。在清式营造制式中，只有角科是真正负担上部重量的。[1]斗栱之纤细，无疑使之缺乏稳定感，而角部结构的脆弱说明了明清建筑在构造上有欠思考的缺点。如果柱头科上挑尖梁之制度能应用在角科上，情形可能要好得多。可是明清匠人袭用早期的技法，用一对倾斜的角梁，安置在复杂的斗栱组上，同时为结构的与

---

〔1〕 虽然梁思成认为角科与柱头科均为结构的部材，实际上，柱头科只是垫起挑尖梁的一种装饰，真正的出挑还是由挑尖梁来完成的。而角科的老角梁则是由斗栱层层挑出来负担。

屋脊的骨材。笔者就文献的研究与观察，推测这过分小巧的斗栱部材显然无法负担过重的屋角，因此，两向檐桁的交叉点，好像是完全由角科斗栱所负荷，但很可能由于稍间柱宽很小，由相邻柱间的檐桁延长出挑（Overhang），由之，不但未增加角科斗栱的负荷，却帮忙负担了部分屋角的重量。

根据这些推测，我们几乎可以说窄小的稍间，是明清建筑构造上所必要的。事实上，宋以后之建筑，对稍间之宽度，很早即反映了构造上改窄的要求。比如辽代的大同下华严寺薄伽教藏殿，显示明间、次间、稍间宽各为 5.85 米，5.33 米，4.57 米[1]，其宽度递减已很明白。在这时期的庙宇，不但稍间已开始变窄，且多由砖填充，形成一厚重之刚体，无疑帮忙刚固了角部的结构。这种倾向，除反映在一连串的辽金建筑上外，元代山西永济县永乐宫之三清殿，表现得更为清楚：明次各间均为二朵补间铺作，稍间则为一朵，且亦用砖墙砌填。这种外形，大约是五台山自唐以来的传统，有山西高地庙宇地域的特色在内。但是这种地方性特色同时可说明窄稍间并不一定是自回廊来，而是由于构造上的需要，因为回廊并不适于北方高地的气候。

稍间特窄的第三个理由，可能是在形式上需要一个收头的缘故。均匀柱间的安排，对西方古代建筑来说是完全合适的，因为他们的屋顶是平的或带有矩形的趋势。[2]中国建筑的庞大三角形屋顶，对柱间的韵律有着决定性的影响，宋代的《营造法式》对这个问题的解决是使用

---

〔1〕 见梁思成：《大同古建筑调查报告》，载《中国营造学社汇刊》四卷三期。

〔2〕 因古典西方建筑之三角顶立面甚窄，一目了然，无视觉上起承转合的必要。文艺复兴以后，立面逐渐延长，收头就成为必要，法国罗浮宫西向正面的形式就反映了此一需要。

侧脚与生起。换言之，宋人使正立面的柱高不等，愈向边愈高，然后把角柱向内倾斜，造成收头之感觉，并配合三角形的整体感。明清以后，由于曲线外檐的改变，侧脚与生起就跟着消失，收头问题除了在稍间上想办法外，别无他法。笔者认为稍间因构造与回廊发展之故缩短宽度，造成一种双拼柱的感觉，特别在殿身特长如十一或九开间的情形下，是非常恰当的收头方式，比起无尽的单一韵律要理想得多。

综上所述，明清建筑开间的所谓问题是一个标示正面入口与两端收头（结构的与视觉的）问题的解答。如果我们把建筑物当作整体看，而不看作为一个柱列的表现，则对个别建筑物的批评是可以的，问题本身并不存在。

（三）举架、推山与生起

在纪念性的发展中，与宋官式比较起来，明清大木制度有三项很重要的改革，以提高其形式的严谨性，本节中将加以详细叙述。这三项是举架高之制度化，庑殿推山之发明，檐柱生起之取消。

根据《营造法式》的叙述，宋式的举折之曲线，为坡度与跨距的函数。《法式》规定举高为跨距的四分之一或三分之一，是根据辟水之需要而定的，即总举高的 50% 或 66%。该坡度决定后，根据其式子定出曲线。清《则例》的规定，则为按照步架之跨度，向正脊方向依次加高，最后求得脊高。由于步架之数目通常视跨距之大小所决定，清举架之曲线纯为跨距之函数。又如根据清式举架之比例，如为通常的四步架式，最后坡度得为 72.5%[1]。这几乎是一个常数，不太变的。

---

[1] 此一坡度依五举、七举、八举、九举之算法得来。

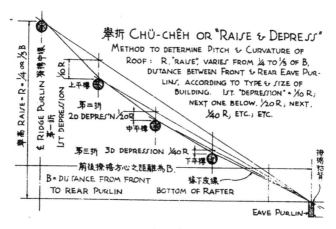

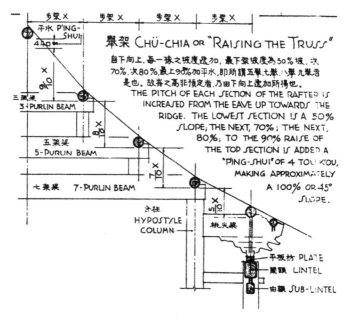

· 宋式举折

· 清式举架

自宋代至清代的举架演变简叙如上，其所代表之意义，亦可约略说明。

第一点，坡度是愈后来愈高的。我们知道，中国北方的宫廷建筑在物理条件上并不需要陡削的屋顶，民间建筑因少雨之故，甚至习用极为缓坡的平顶。故宋式规定四分之一或三分之一，除尊卑之分外，可能是给予建筑物因地域不同所需之形式上的弹性。根据山西、河北一带的遗物，雨水少的北方大约均使用四分之一。五台山佛光寺大殿及下华严寺的薄伽教藏殿，坡度尚小于此数。

这说明明清以来，屋顶坡度加高至超出机能所需之范围，其解释只能是形式上的。明代以后，轴瓦的长足发展使得宫殿屋顶成为令人注目的因素，可能是坡度增高的原因之一。**但宫殿建筑的形式组合走向庄重感，使得屋顶的分量增加恐怕是更重要的原因**。宋代以前，屋顶在形式上并无甚作用，由于其坡度太低，檐下部材如斗栱组等又极大，吸引了大部分的注意力。就独乐寺观音阁及佛光寺正殿的断面看，唐及北宋之举折可大体断为两部分。在其占总举高九分之二的情形下，下半段只有约六分之一的缓坡，因此要看到全面的屋顶是很不容易的。大雁塔门楣的石刻，可以说明一个当时观众的印象。

清代高坡度的屋顶，使彩色的瓦面几乎站在观众的眼前。只有在此观念下，我国建筑屋顶与台阶才成为表现上主要而不可缺的一部分。事实上，屋面的高度愈大，木结构之柱梁相对地减少，深沉而庄重的感觉愈强，愈能满足纪念性的要求，特别因为釉瓦的外表是砖石的性质。

宋至清的屋面发展的第二点是，后代的制度，因举高与其跨距成正比[1]，房子愈宽的，其屋面愈高。这一点之重要性在于重要的纪念性建筑，多半是进深很大的，进深与屋顶高度有一定的关系后，从屋面外表即可看出其深度，亦即可显示其重要性，对纪念性的表现是很有决定性的。宋代以前，因其举高与坡度有关系，而坡度是可变的，则屋脊的高度，在坡度不易觉察的情形下，是很难代表其进深的。

屋顶成为外观一重要因素后，在色彩与体型之外，其轮廓线亦变得非常重要。明清庑殿顶的新创，"推山"制度[2]，是形式精细化的一个卓越成就。

宋代以前的我国庑殿顶，不论称其为"四阿"也好，称其为"五脊殿"也好，是与普通习见的"四面坡"没有什么两样的。汉代砖画中的宫殿，是简单的四面坡，只是有甚远之挑出而已。迨后世的起翘发展成熟，加上自汉代以来即已很丰富的脊饰与鸱尾饰，中国屋顶的较复杂的特色，就逐渐形成了。但是在基本上，仍是简单的四坡顶。宋代之屋顶开始有了曲线，但其观念似乎是一个普通的四注顶加以压力所得之结果。

明清以后的推山是把中国屋顶的轮廓线变成优雅的线型，而又能表达庄严肃穆的气氛。四面坡的单纯性，由之为一种敦厚的趣味所取代。

从一个观点看，推山的发明与提高举架坡度的意义是相类的。如果没有推山，两山自殿端约略成 45 度之直线内收，在透视上，必使鸱尾（吻）之地位显得过于平坡，推山使山坡较陡，使山脊承受视觉上

---

[1] 见梁思成：《清式营造则例》。"平水"节提及脊高可以调整，但其举高与跨度比由一块小垂直木料来调整，毕竟是很有限的。而且在技术上说，调整时只有增加垂直之高度，不会减少其高度，对本节之论点有增强之效果。

[2] 细节见梁思成：《清式营造则例》，图版十四。

66　　明清建筑二论

· 推山

的张力。在明清宫殿的构成中，推山代替了早期水平线弯曲的传统，造成垂直弯曲的印象，使外形与木结构之关系由于架构不再是决定性因素而更为缩减。这在宫廷建筑的主殿中，是一个增强木建筑纪念性的极重要的步骤。

这是庑殿成为我国正殿形式而仍富优雅神韵的主要理由。歇山顶是我国建筑屋顶中最具特色的，但是由于其独特性并非建立在完全合理的基础上，特别是其形式缺乏统一感，在过长的大殿上收头显得突然而无连贯性。海外华侨怀念我国文物多取易于识别的歇山顶为标志，是因为难于认识中国五脊顶的特点之故。

与使用"推山"的制度同时对轮廓线有重大贡献的，是废除唐宋以来的"生起"与边柱"侧脚"。有关这方面的讨论是颇费口舌的。

"生起"之制，为自中柱开始，檐柱向屋角逐渐加高，使外檐线呈一平缓之向上弯曲的边缘线。其来源不详，我们知道日本法隆寺与唐招提寺所代表的六朝与初唐建筑并没有"生起"的做法，但五台山佛光寺大殿正面，确有相当显著的"生起"，虽然不如宋《营造法式》中所规定之明显。因此，我们也许可以说，"生起"之法为自晚唐以后强调形式的结果之一。

"侧脚"是边柱向内略呈倾斜，为"生起"法使用后之必然现象。"生起"之后，额枋略倾，柱间之结构框架已不是矩形，而是轻微的平行四边形。这情况到末间，由起翘之故，额枋倾斜增加，如不将柱子略倾，其柱与额枋之交角必超出视觉稳定之范围。

从结构上说，"生起"与"侧脚"只能造成麻烦，故只有在形式上寻求解释。从形式上看这种特殊做法的发展，可以自两个角度来解释。第一种解释，可与古希腊的巴特农神庙的曲线做比类。[1] 由于巴特农神庙是西方建筑的最高代表作，其精致的手法被西方史家视为奇迹，我们自然很愿意说唐宋建筑上的曲线亦是一种视觉表现上的精致手法。

虽然"生起"与"侧脚"在巴特农神庙上亦曾使用过，笔者不能相信系出于同一企图。因为在希腊神庙中，曲线的使用有一重要的特色，即其存在甚为微妙，不使观众觉察，而在无意识中纠正若干形态上可能发生的缺点。我国"生起"的做法极为明显，当非起因于同一企图。

因此笔者觉得正面的解释比较合理。即如伊东忠太所提示[2]，一个平直的屋檐线是呆笨而迟滞的，故国人使用起翘的方法来减削此一生硬感。"生起"是屋角起翘连带产生的制度，笔者认为发生在唐代，可能是因为佛殿讲堂代替塔成为宗教建筑之主体，或宫殿之主殿规模日益增大后，大殿长向正面的外檐延长翘角之曲线至全部面阔而采行的。换句话说，这"生起"的做法，目的在于使一条直线变成曲线，使正

---

〔1〕 巴特农神庙被西方人称为没有一根直线的建筑，然而除了很少数的线条外，均无法察觉其曲度。曲线之说明见 Fletcher：*A History of Architecture on Comparative Method*，p.75（16th Edition）。

〔2〕 伊东忠太：《中国建筑史》，第50页。

面显得活泼起来。[1]

明清以后，为了形式的纪念性，废除了盛行于唐末与两宋的水平曲线，如前所述，使用角部的曲线校正呆滞之弊，而不废平行线的严肃与方正。这个步骤，自然免除了"生起"的麻烦，特别是清代的角部起翘，限于角柱之外，与木架构本身毫无关系。"翼角"的形状是由"老角梁"与挑檐桁的高差所造成的。就形式的意义来看，这种方法，比起宋式用"生起"造成曲线要合理得多。

四 彩画之制度化与系统化

在贬抑明清建筑的言论中，没有人提出色彩的问题。也许是在功利主义的观念下，色彩只是装饰，未足重视[2]；也许由于清教徒观念时代的建筑史家尚未能注意到明清建筑以前的色彩，故对明清建筑的色彩，除早期福格森之流的殖民史家曾加贬抑[3]外，国人的反应一般是良好的。

本节的意思是就色彩之发展，说明明清建筑色彩上的优越性。换言之，我们应说在欣赏明清建筑之用色之余，了解这是在千余年物质

---

〔1〕 另一原因可能为南方之影响，此一可能性有另文讨论，而倡其说者为苏波氏，见 Soper："Hsiang-kuo-Ssn, An Imperial Temple of Northern Sung", *Journal of the American Oriental Society* V. 68, No.1, 1948。

〔2〕 色彩之研究甚少，原因之一或为色彩之保存不易，记录亦不易，后代能窥前代真象者不多，而古老之建筑现存者多被以后代之色彩。梁思成在《晋汾古建筑预查纪略》文中指出太原晋祠之斗栱颜色尚有五彩遍装之痕迹。

〔3〕 福格森认为我国建筑色胜于形，为一种低级之艺术，乃出于一种西方学院派之看法。见 James Fergusson：*History of Indian & Eastern Architecture*, Book IX *China*, p.688。

进步与形式要求的推动之下所得的结果，我国"好古"的习俗不能推翻这一事实。这当然需要自宋前的情形说起。

一般说来，宋以前之色彩是很简单的暖调，黄色的土刷与丹粉为主要的材料，屋顶则多为灰瓦，其调子大体可自日本飞鸟、平安时代的遗物推测。在这种情形下，朴质的趣味加上浑然的感觉，恐谈不上华丽。

南京附近南唐二陵之发掘，使我们得到一些线索，知道在宋前的彩画的情形。我们知道在比较重要的建筑中，柱梁系统是有彩画装饰的。梁系统的装饰，后世"藻头"与"枋心"的分段及如意头式分线已见形迹。柱的装饰似尚未有明确的制度，大约仍随匠师的兴趣加以植物性的图案饰。李升陵中的柱饰，无二柱相同，虽未必为当时一般之情形[1]，至少可给我们一些暗示。

至于色彩，以丹粉为主，用白为界线，颇类希腊时代之陶画，唯较粗糙而已，南唐二陵之彩画，用白甚多，几为主调。白沙宋墓中所见，则有强力之黑线勾画。综合观之，我国建筑之色彩，在宋式营造之前，是一种匠师自由发挥的结果，因无制度，故良窳参差不齐。宋式的详尽规定，虽然扼杀了创造的可能性，却奠定了良好的基础，以为后世发展之张本。

宋《法式》的整顿工作所代表的意义是：第一，色彩制度的规定；第二，彩画与结构部材关系的觉悟；第三，中国式图案的成熟。就第一点而言，《法式》中把各种不同的彩画及所使用之色彩，按当时的习惯，分为九类，以别其装饰之品位[2]，这等于把宋以前之各类通用之方法，依

---

〔1〕 南唐二陵之发掘中，部分柱饰为单面者，似与圆柱饰之方式有别，成为墓室柱之特例。

〔2〕 五彩遍装用于主要宫殿、庙观，青绿用于园林别墅，土朱刷饰用于较次要之房舍。此一说明未知出于何处。然在《清式》中以其说明之顺序与繁简看，品位之存在极为显然，而色彩之品位自周以来均有之。

照其华丽的程度定其尊卑。但由于宋式中所谓"结华装"的使用很普遍，描花装饰仍为主要题材，其在匠师手下支配的弹性亦很大。就第二点而言，宋式彩画制度中虽有极尽华丽之感，但由于额枋彩画藻头式构图的出现，梁材之装饰已大别于其他部分而有着显著的结构的暗示。柱身多用菱形为框架[1]加以装点，废除或避免了唐代宝相花连续的装饰，改进了结构感的配合。第三点是有美术史上的重要性的。因隋唐以来，中土美术在用色与造型两方面受西方之影响，固然由之造成了唐代美术史上的高潮，却同时染有波斯与中亚的趣味。在南唐二陵与白沙宋墓所见，勾勒式的黑线用得很多，则在另一方面显示国画笔墨技巧的发展，影响了当时的建筑装饰。这一表现在强劲与活泼方面是有收获的，但从今天的观念看，尚未能分化纯艺术与应用艺术（Graphic Art）。

宋代《法式》是一种调和品。它把中亚的装饰艺术消化后，变成中国的东西。使用柔和的退晕法代替强力的线条，是很重要的一步，它不但把刚性稍杀，而且使中国的装饰即使简单到一条线亦可成为一种装饰。同时，它把装饰的位份加以细分，把线条与绘画艺术容纳在建筑图案性装饰的里面，使各得其位，如栱垫板（眼壁）之彩画即多为叙述性。

但是以明清来看宋元，先代之彩画虽然发挥了整顿的作用，在色彩、图案与建筑表现的关系上仍十分含混，未能把原始的趣味洗刷净尽。

显著的例子是"五彩遍装"式的彩画用为最高品位。这说明唐宋之前，把鲜艳的色彩、繁复的彩画，当作最高贵装饰的观念仍被引用在《法式》中，为宋人所通用。依据《法式》之记载，并参考营造学

---

[1] 菱形可以明清旋子彩画之破、整组合去了解。《法式》中不载，仅说明其色彩与花纹。遗物如墓内装饰、壁画饰中可见。

社在 1929 年复制之《法式》彩画恢复图，此种"五彩遍装"斗栱是一种绿地上有不规则多彩花叶图案的装饰，其使用者显然尚不能了解"简单"与"统一"在纪念性形式中的重要性。使用在宫殿与庙观上，必然有一种热闹与市尘的趣味，不够肃穆与庄重。反观明清的彩画制度，宫廷使用的和玺彩画中，简单的青与绿之退晕装饰成为斗栱最高的品位。梁、枋的装饰不论其为龙纹，或为"旋子"，图案性的意味显著加强，秩序感增加，彩画渐被统御在形式之下。

对于明清斗栱装饰采"青绿"调的原因，一种解释是说，元代以后黄色琉璃取代早期绿色屋顶，故暖调的檐下饰不能不为冷调所取代以加强对比效果。这可能是一种原因，但笔者认为不可能是决定性的因素。由于较深的出檐造成强烈的阴影，屋面之色彩在强光闪耀之中，本身已经是一种对比。明清建筑使用绿顶者仍多，并未因之更改檐下青绿调的装饰。明清色彩的进步在于色彩分区，使屋面、檐下、柱身、台基有明显的划分，形式因之顿然开朗。

从分区的观念可以进一步了解明清在彩画与结构机能方面的协调。明清木架部分的彩饰，很明白地把柱材与梁材分开，柱为暖色，使形式上的表现，比结构本身的表现为清楚。**故明清的色彩是一种包被结构的工具，发挥着大理石在古典罗马与文艺复兴传统中所发挥的作用。**它修正了中国木结构本身在形式上的一些缺陷，在纪念性表现上的一些可能克服的困难。换言之，**明清的彩画不只是一种文身式的装饰，而是一种有表现目的的装饰了。**

所以我们看惯明清建筑的人，不免觉得宋代柱身花式装饰之荒唐。明清朱色的柱子是恢复了初唐前之旧制，可是与斗栱部分的细巧彩绘比较起来，显得鲜明而有力，表现了垂直承重材的特色。宋代柱身的

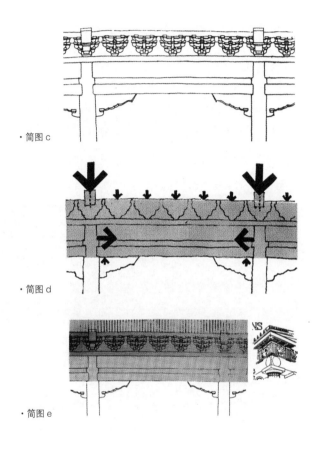

· 简图 c

· 简图 d

· 简图 e

花饰，虽已能自晚唐五代的多样花纹中脱出来，却仍然是多余的，其效果是不利的。

　　至此，我们应当对宋以前与明清外檐装修形式语汇之不同，借图解之助分析清楚。简图 c 所示为明清标准宫殿之正面构件。这些构件自先代发展至此的经过情形，是一个很值得仔细分析的题目，另有斗栱及大木发展史专文讨论，此处不赘。简图 d 为一同比例之图解，说明该正面之结构学关系。我们可以由此看出，额枋之作用为拉系梁，并负担斗栱组之重量以及由斗栱组下传之为量甚少的局部屋顶重量。很明显，结构本身的骨干，是柱列与屋檐下的梁（垂直于画面，故以点示之），梁面以下的构材均为拉系性的。斗栱变成纯粹的负担。若没有斗栱，只是檐桁与挑檐桁要发挥过梁的作用，有了斗栱组，自檐桁至额枋成为力学分布很复杂，显有架床叠屋之嫌的结构。部分力量由桁承受，部分传至额枋，再有一部分经由额枋之剪力传至雀替，再转至柱上。

经过色彩的包被以后，木架的正面把这些复杂的关系单纯化了。朱色的柱身，颇能配合着受力的调子，但到雀替的上面、额枋的下面就停住了，上半段改为青绿调和图案，完成色彩分区的观念。分区的视觉效果是使雀替以上的部分感觉像是很深厚的梁材。雀替的作用，则颇似尚未成熟的栱面：一个柱梁的框架要多角栱的结合，使我们完全忘记其真正结构的关系。简图 e 是表示此一形式设计的关系，其接近于古希腊建筑庙宇之发展是很明显的了。

五 细部的精致化

一般说来，中国之建筑，是一种粗糲的造物。伊东忠太以日本人之细腻，早已觉察到中国构造之恶劣。[1] 这一点并不表示国人不喜细巧之物，完全相反，国人对细巧十分爱好，因此金石之学才能产生。建筑构法之粗糙，只说明国人生活习惯日常起居与建筑物之间保有若干距离。用一句现代用语来说，我国建筑在正统的形式上，并不反映

---

[1] 伊东忠太：《中国建筑史》，第 62 页。

其机能；而形式的美（华丽壮观），常为屋主最重视之因素，是一种远观而非细看的艺术。

这种"大而化之"的建筑习惯，并不表示明清以来，建筑局部形式本身趋于轻率。从民间与休闲性的建筑来说，对材料的敏感性有甚大的发展。[1]特别是明清以来，砖的普及，青砖之使用，及磨砖艺术的发展，使南方系统的小型建筑在装饰性构造上，有长足的进步。日人在民国前后所做全国性记录，特别是伊东忠太对中国建筑装饰的研究[2]，反映了一个清楚的画面。在这个传统影响之下的台湾闽系建筑，亦带有浓厚的细巧的手工艺趣味。

宫廷建筑的精致化，主要在装饰细部较敏感的形态上表现出来。自汉以来，演用已久，传至明清的若干有装饰味的部材，均经进一步的发展，有令人满意的表现。下文将举几个较重要的例子作为说明。

（一）雀替

雀替之发展是很有意味的。自宋《营造法式》至明清的《则例》，有一很明显的跃进。《法式》上没有雀替的记载，可见此一部材在宋官式中，不是正常的做法。但是辽金建筑的遗物中，很明显有雀替存在，足证这一部材，是可以上溯至唐末的。宋《法式》中不载，也许由于回廊之使用较少，并无此必要之故。

在结构上，雀替是一种支撑材（Bracket），它的作用是缩减额

---

[1] 见上章之文人建筑讨论。
[2] 伊东之大著《中国建筑装饰》为营造学社以前最重要之作品，其涵盖性甚广，不只限于营造学社所感兴趣的华北建筑。

· 北京黄寺雀替

枋之跨距。早期结构中没有雀替是因为额枋之拉系作用并没有再支撑的必要。故雀替的产生与斗栱组的增加致使额枋所受之荷重增加有直接的关系。从这方面推理，雀替产生在唐末宋初本是合理的。

从历史上的发展看来，雀替与斗栱似有同一来源。最早见于云冈石窟中的雀替，与一斗三升斗栱一样，是坐落在大斗之上，而且亦是构造与结构相并用的部材。换句话说，雀替很像西方的柱头，有连结柱、梁之作用。近代作品中罕有此例，但北京黄寺檐柱以上之结构，显示雀替仍然是一种柱头。[1] 迨六朝以后，斗栱系统之发展，使额枋之重要性减少，雀替式的部材乃渐消失；因柱头经由斗栱直接上抵梁栿，雀替在力学上的需要消失了，而后期的木工技术，又大量使用榫接，额枋与柱之关系，不是直接的支持，而是拉系，构造上的必要性又减低了许多。雀替之现代的形式，是在宋初以后，正面结构观念开始更改时方露形迹。

---

〔1〕 雀替发展之图解，见刘致平《建筑设计参考图集》第九集，营造学社出版。

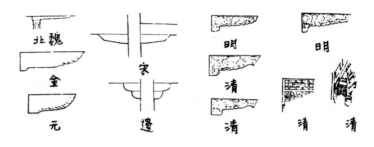

· 雀替的发展

对明清建筑来说，雀替在形式上为必然。一方面，在额枋加厚，斗栱密接之后，三角形的撑材成为视觉上所必需，因额枋已予人以承重之印象也。再方面，由于色彩分区，额枋以上为冷色调，柱身之外形已停止于枋下，使柱与枋间需要视觉之过渡，以代替柱头之作用。如上节形式分析图中所示，雀替实有视觉安定之作用。

在雀替本身外形与细部的考虑上，明清作品较其先代遗物尤见高明。大体说来，其发展是由狭长而厚短，由板条形而三角形，趋向于视觉合理的路线。

在细节方面，明清之丰富装饰与先代相比要华丽得多。但最重要的成绩，应该是其优美轮廓线的完成。下方外缘线方面的发展，是由早期的平直线条，继而锯齿形的线条，最后则为具有系统性的轮廓，采用了来自西方的枭混（Cyma Recta）作为主题，加以斗栱出跳，不论在起线与收头两方面，均为极具审美价值的东西。

（二）昂头

昂头是一个比较清楚的例子。昂之产生大约在汉代，但实物上溯只能到六朝。早期在日本遗物中所见，如法隆寺中门与唐招提寺之金

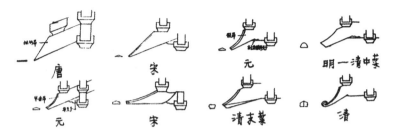

·昂头的发展

堂斗栱，昂均为天然杠杆，其顶端则为直截了当的垂直切面。在此时期，因昂之作用完全是结构的，其收头并无形式上的思考，与同时之斗栱形式比较，其装饰性相差很远。这种"天足"式的昂头大约维持到唐末，到了北宋，在辽代发展的形式，大约代表了唐末的趋势，是把昂头作成竹劈式的。所谓竹劈式，只是略修改了初期朴实的截面，改为较尖锐的斜角，如同刀劈竹竿的截面。这是一种美术上的修正，企图把昂头之不得已的存在变为装饰性的存在。同时，这种考虑的必要性，因装饰性斗栱组的出现而大为增加。斗栱连续性的要求，并迫使假昂在宋《营造法式》中出现。昂头在宋时已成装饰不可缺的一部分了。

宋式的昂头正式开始了较复杂的线条。这时增加了一个重要的东西即昂嘴，即由竹劈式昂头线形的尖，改为一个向内倾斜的小面，在宋式中仍为平坦的倾斜面。原为竹劈的那条直线，开始有颤。换言之，竹劈线已成为下堕曲线。这一步骤是为软化昂头而采取的。

明清时因斗栱组的装饰增加，真昂完全消失，昂成为真正的装饰品，昂头之形式自然是最受重视的了。大体说来，明清昂头的发展只是将宋式的线条，加以进一步的软化而已。从今天的眼光看，此一发展是走向三次元的雕刻型的。昂嘴的斜面呈"琴形"，在昂之上皮为一复杂之曲面。

由于昂嘴部分的显著缩短，并且颤法具有方向性以后，曲线后之平台，名"凤凰台"者与曲线生连续之感，使昂之形式较复杂而优雅，略近乎 S 形。

（三）柱础

我们在形式精炼上的最后一个例子是柱础。柱础如同其他装饰性的部材，其发展是自粗陋而精致的。汉代石刻中的柱础，颇有近乎自然石块的例子，此与殷代发掘之漂石柱础，有相当近的关系，表示在我国早期上千年的历史中，仍保留着朴实的原始风。柱础形式的美化与层次化，大约在汉末，也许有西方的影响在内。佛教艺术东来，莲花的装饰开始在柱础上出现，而较细致的轮廓，已经从西亚自欧传来。[1]

柱础的形式问题，只是自与地面接触的面过渡到与柱底接触的面之间的变化。自汉代以来，我国即习于把它分为两段来处理。一段是地面下的部分，名为础；一段是地面上的部分，名为栌。地上的部分因关乎形态，变化极多。然大体说来可就其轮廓线分为四类，第一为自然形，即粗石或任意之雕刻体。第二为鼓形,即石栌之形状上下较细，中央突出者，自六朝以来即被广泛采用，其比例或不一致，其上之雕凿亦多变化,然可归于同类。第三类为覆盆式，即一圆形之栌上小下大，如覆盆状，小面上承柱，大面与础相接。其表面或刻有莲花，或有卵石装饰,或光面等不一。简单之覆盆见于云冈石窟,盛于唐,宋《法式》

---

〔1〕 柱础之说明详见刘政平：《建筑设计参考图集》，第 223～229 页。

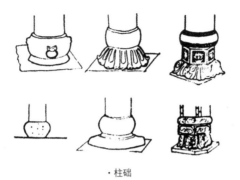

· 柱础

中有所规定。第四类则为"欹"形（Cavetto），即类覆盆形而曲线下弯，而非突出者，此类最早亦见于汉代，然至宋始有定式，并径名之为"栀"，对尺寸均有所规定。（宋《法式》中有一种重叠下欹与覆盆两种形式之柱础，因甚复杂，颇类西式，很少见实物。）大致上说，在形式的意义上，自第一至第四类，机能象征之敏感度增加，而以第四类为最佳。在讨论此一问题时，我们应注意石工雕凿之精美与否不代表任何意义。我认为西方的柱头的演变很可用来与我国的柱础相比类，其设计之敏感性应以其轮廓线而定。因为轮廓线表示此一部材在构造上之意义，同时表达了屈从此一力学关系的意愿，其装饰性为比较次要的属性。

　　如果我们观察希腊公元前6世纪至前5世纪间，多立克柱头之形式发展，可大体看出其顺序很近似我国柱础发展的第二、第三、第四类，我们只要上下颠倒来看就可以了。作为传达力量的构材，自点传至面，柱础与柱头很相近。鼓形本身是很美的形状，但是它既不能说明圆柱与地（梁）面接触上的差别，其括号式的曲线又不能为力的传达传神，倒似乎是受压力而变形的。覆盆式实际上解决了这两个问题。在这一

· 宋代柱础　　　　　　　· 清代柱础

类中，希腊的柱头曾发展了极为细致而复杂的曲线[1]，为史家所乐于称道。与希腊之曲线比较起来，我国的覆盆的曲线比较粗糙，但其性质相类。我国之未能有进一步发展者，因过分重视表面之装饰。至若第四类，在形式上甚难与希腊柱头比较，但巴特农庙之柱头虽仍有覆盆式之意，在精神上，却取直线，表示力之传递，与宋栌之意义甚为接近。[2]

柱础至清制，形式上进一步简化，然甚近宋制。其不同处，为改栌为古镜，使下堕欹线直接连结地面，以及自方形础基直接起为圆形镜面，上承柱重。这一点史家或认为生硬而少变化。然笔者认为乃极具敏感之处。构材美之上乘，必须天成，令人无所觉，迨有所觉，则见其匠心有若路易斯·康所谓"欲为"（Wants to be）之形，外观与内在意志相辅相成者。清制柱础乃可当此无愧。其面线轻微

――――――――

〔1〕　Fletcher: *A History of Architecture on Comparative Method*，p.86.
〔2〕　在实质上，类似宋栌之线形作为柱头者，见于埃及，然在精神上却近于希腊，因其简明有力也。其轮廓线宛如传力之方向线，使荷重分布于较大之柱础上。

有力自地面挺出，上托柱身，而础基为方形，与地面铺砌之秩序不相悖，而在此方圆之间，一复杂而悦目之曲面成为三度空间之过渡，且有近代几何之美。史家以其过简而僵硬，缺乏古代生动之雕凿者，实因未能体会形式精炼的古典意义所致。对明清建筑的实质，概应作若是观。

斗栱的起源与发展

自　序

　　研究斗栱的人多是出于一种癖好，我也不例外。对于一个非专业建筑史家，斗栱是一个有趣而通俗的题目，所以这个题目吸收了我在"正"事之外大部分的时间。

　　这篇论文与《明清建筑二论》一样，只能算是一个草稿，不但达不到学术上的绝对严整性，由于种种原因，甚至在我个人的知识范围内，也不能说完备。

　　很明显的，本文的重点在"起源"部分，对于寻求一个确切答案的读者，即是这一点也是令人失望的。大部分的情形只是这些年来的一些心得、思想的收集而已。由于我没有意愿，也没有能力作成结论，我的工作几乎只是提出个人思索的路向，及一些足以使后来的学者进一步工作的线索。个人比较得意的部分，是斗栱形象世界性的发掘。至于"发展"，除了慢栱之部分外，只是整理了现有的资料，使之有一个合理的发展顺序。因为这一部分，特别是在辽宋之后，已有相当的研究，以个人目前的处境很难有进一步发现的可能，故十分简略。

　　有时候我自己在怀疑这些工作的价值。胡适之先生曾说考古家辨一字之正误与天文学家发现一颗星一样有价值，事实上我也怀疑天文学家的价值。也许我们可以说研究工作的目的是在满足自己，至于其"绩效"则不在预计之内了。这也算一种生活艺术的态度吧。

1973 年夏于中兴大学

起　源

一　前言

　　在中国建筑中，斗栱是一个很奇特的东西。一方面它是有着极为神秘的色彩的构件，使得一般观众感到无比的华丽，另方面使建筑的行内人士，包括执业的建筑师与建筑史家，感到无上的兴趣，因为世界上没有一个系统的建筑拥有类似复杂的构件，而其发展又如此多彩多姿的。由于其复杂，不易窥其堂奥，所以在研究工作上，有引人入胜的效果。

　　笔者对斗栱之研究发生兴趣甚早，**兴趣之来源主要是斗栱系统在中国建筑上的功能**，自功能的探索，发现了很多过去一般的说法，都是些似是而非的意见，并不十分能令人接受。比如所谓斗栱是中国建筑上"有机的"结构部材的说法，就曾使我困惑了很久。我认为所谓"有机的"部材，应该是在结构上不可避免的意思，但自日本奈良的法隆寺遗物看，我们唐宋以后的复杂斗栱系统，只是一种架床叠屋、毫无结构意义的东西而已，怎能称为"有机"呢? 盖斗栱之有机性在于出檐承托之必要性，法隆寺五重塔之出檐大过我国唐宋以来建筑的出檐[1]，为何不须

---

〔1〕　五重塔出檐与柱高相等，为国内建筑所不及。唐代之实物，出檐约及檐高一半。

要这些复杂的斗·栱呢？这原是一个很明显的问题，只是过去很少有人愿意深究而已。

在否定了"有机"的理论以后,思考问题的习惯使我进一步探索这"不合理"的构造方式的来源。因为作为一个中国建筑师，毫不思索地接受福格森歧视的评价[1]是很不容易的。然而在历史上找出这种构造方法的理由却又是十分困难。自西学东渐以来，学者讨论斗·栱之演变者不少，但充其量不过谈到构材增多，及某些构材形态上之变化，极少追究其来源，而能予人以满意的解释的[2]。而我国木构造因保存上的困难及兵马之灾，遗物之最早者不过第九世纪。唐佛光寺大殿是晚唐期之建物，其构造略近辽宋，已看不出发生期的蛛丝马迹。因此，为满足自己的思考习惯，就只有建构假说一途了。为求引起同好思索的兴趣，可以对我国斗·栱问题做进一步的研究，我愿意不厌其详地说明我推论的方法，以供同好批评、指教。

我略涉及汉代的资料，知道斗·栱在公元前后已经是中国建筑上很重要的部材。由之，我大胆地认为斗·栱之于中国建筑虽未必是有机的，**但当其始，却必然与我国建筑结构形态的整体，有一种逻辑的关系**。我因略谙西方建筑史之发展，故决定自我国早期建筑与西方不同处着眼，看这些特点可否促成斗·栱的产生。经过长时期的思考，有下面两种现象使我深信是具有历史的重要性的。

---

〔1〕 福格森认为中国没有可与文化所匹配的建筑。见 James Fergusson：*History of Indian & Eastern Architecture*，1891，Book IX，p.685。

〔2〕 1931 年前后，营造学社因实物调查工作的展开，而对我国建筑构造上唐后的发展有了明确的知识，却很少对其起源认真研究，而采取罗列遗迹的态度。西人威立茨、苏波加以申说，将于后文中论及。

第一，**结构的走向异乎西方**。在长方形的早期掩蔽体中，东西方有一很大的差异，乃在西方（以希腊为例）之发展倾向于使用长向墙面为承重之部分，而在我国则采用短向墙为承重之用。西方的例证很多，我国至今无明显的远古例子，盖因我国的土木造建筑，难有遗迹保存之故。但我国民房遍布汉族集居之区域，皆采此种组织之方法，在民族学上，较落后之农村建筑可视为相当于古代形式的影射。我曾撰文分析此一差异所造成结构系统的分别。由于长向墙承重之结果，西方建筑之屋顶部分之支承，则必然由垂直于长向之构材来完成，用现代的名词，可称为"椽承重系统"。而我国则有赖于平行于长向之构材来负担屋顶重量，可名之为"檩承重系统"。我曾说明整个中国建筑的形貌概由此一特色决定。

我的理论是根据此一假定，而推出西方建筑的主要入口概自短向进入，因短向为不承重之墙面，开口较便之故。同理，我国的建筑主要入口概自长向进入，因长向为不承重之墙面，开口较易之故。由于入口的方向不同，我觉得我国建筑在汉代，其形式的观念就与西方不同，并导出了第二种具有决定性的早期形式观。

第二，**四落水顶的极早出现**。《考工记》说"殷人重屋四阿"，是否可靠尚不敢说，但四落水顶的使用在汉遗物中如此普遍，**使我们可以相当安全地判定四落水顶是我们的民族形式**。何以言之？其一，四落水顶在其他文明中几乎没有例子。西方文明中，庙宇是双坡顶的形式，直到文艺复兴时代的晚期才正式出现四面坡[1]，而且一直没有成为形式

---

[1]　Mansard 式屋顶发生于 17 世纪，为把意大利之水平纪念性改为适应法国气候之做法。实际上法国在 13 世纪之哥特教堂屋顶亦略具四落水之意思，只是在形式上不显而已。

· 汉代明器望楼显示的四落水顶与斗栱

的主体。其二,四落水顶, 特别是在较早期的技术上, 是一种比较麻烦又没有什么显著好处的结构形式。我们的祖先采用了这个形式, 至少说明中国民族很早就是形式主义者。

其来源为何, 不明。我的解释是由于长向正面的决定, 在形式上, 两面坡的屋顶无法满足纪念性的要求。何况在心理上, 建筑在先民中的心象, 必然是尖顶的, 四面坡可以暗示这样的形态。这同样的形式的处理手法发生在欧洲的 17 世纪, 用以取代或加强希腊庙宇入口的纪念性。三角形与纪念性是不能分割的吧!

我找出这两种早期现象, 对于织造一幅早期斗栱产生的画面, 有什么帮助呢? 这一点, 又必须与出檐连在一起看了。外国的建筑没有斗栱的问题, 主要是因为他们没有很深的出檐, 屋顶可以直接落在墙上。我国建筑不但是檩承重的, 而且有深檐, 问题就发生了。檩承重的系统意味着垂直于长向的椽子只是很小的部材，不能单独负起深远出挑的重任。斗栱系统就是用来辅助出挑的[1]。如果椽承重，则椽材必然很庞大，其本身可以负担深远的挑出，整个斗栱系统的历史就缺乏来由。

当然我并不是说斗栱的开始就是结构性的，相反的，**斗栱作为一种形式的出现，最早时必然是构造的**。斗栱在技术上是由三个供连结用的坐斗和一根横肘木构成。当它平行于建筑物正面的时候，应该是水平的梁材与垂直的柱材之间的连结材，与希腊柱头的起源没有多大分别。使用斗之槽口为结合各部之手法，是构造上的细腻，也是构造性装饰夸张的开始。

只有当椽材出挑嫌远，无力负荷时，跳开柱面的斗栱由梁材的延伸而上承檐桁，才是斗栱系统的开始。最早的遗物中，没有昂之出现，实在早期简单的直线屋面的时代，椽即是昂，出挑仅赖梁头之故。到此，我们不能不留到下节汉代的遗物中去讨论了。

至于四落水顶的影响，详情亦有待后文讨论。在此可以提出的，四落水顶出挑时所造成的角隅问题，在比较有规模的建筑中，必然是一大头痛，我们几乎可以说，**早期角隅的结构问题在系统的创新上占有相当重要的地位**，我们可以推想斗栱系统在这一问题解决上所可能有的贡献。直到今天，明清的角隅仍与斗栱系统有着"有机的"关系[2]，可以说明此问题的适切性，而在公元前后，在柱列安排上尚没有认识角隅的特殊性时，其问题尤为突出。

---

[1] 这种机能并不纯粹，后文中将加讨论，斗栱之装饰性在营造学社成员的第二代即已承认。

[2] 角梁是明清以后真昂消失后所保留的一种昂材，虽然习惯上不把它作为斗栱的一部分，而当作梁柱的一部分。

二 汉代遗物上的斗栱

汉代的遗物，在我手边与斗栱有关的材料有四类：一为明器，二为沂南画像石，以及较早期发现的四川石阙，山东嘉祥武氏祠中画像石刻[1]。一般说来，第四项材料非常图案化，而少写实性，对斗栱之研究只有侧面之价值，一、二项材料，由于写实性高，为一种十足可靠的史料是无疑的。石阙的价值则界乎两者之间。石阙为一种木造建筑之模仿，兼有写实与象征之意味。

如果整理这些遗物所显示的结构，我们大体上可以发现一些共通的事实。与我们的讨论有关的约有下列各项：

（一）多半是纯木构造，有一切木构造的特色，梁枋地槛拉系着柱列，是一种通常的做法，有三角形梁架出现。

（二）屋顶是以四落水为主，然而线条平直，并没有后代的曲线，因而暗示着椽承重的可能性，或至少是椽、桁并用制度。

（三）普通的房子上不用斗栱，只有在殿、阁一类的重要建筑上才有。望楼为汉代建筑中一种主要的形式，均有斗栱，具备了后代建筑的雏形。

（四）大部分的情形，斗栱出现在角隅上，似乎可以确定斗栱与角隅的特别关系。

在这些可见的事实中，我们可以很有把握地综合为一个完整的画

---

[1] 劳干列出汉代之石阙有名者有十七处，画像石之有名者十四处，但有明确建筑形象者不多，见劳干：《从士大夫到小市民》，1970年，台北云天出版社，第19页"中国之石质雕刻"。

· 汉代明器显示的木构造特色

面，为斗栱的早期历史勾出轮廓。对于斗栱本身，我们根据画像与模型，亦可得出几种推论以说明当时它的性质：

（一）一斗二升、一斗三升均有见，似乎仍在装饰性与构造性之间。

（二）斗栱之形式并无一定章法，似随匠人之喜爱，构造之实情，及装饰性程度而决定。

（三）有重栱之制，但其制度与后代之不同在于汉代似为一跳，若出檐高大，梁头挑出与挑檐桁之间距离过远时，则使用重栱，重栱之法并非如后代于泥道栱或瓜子栱上施慢栱之意，乃双重令栱之意，又似为慢栱施于令栱之上。由武梁氏祠之石刻中看来，似乎重栱表示一种尊位的意思。

（四）在柱面上的斗栱，其做法仍为构造性，颇似与后代之雀替同源，而大部分的斗栱均出跳。

对汉大木结构加以简略之介绍，并对汉斗栱之情形加以说明之后，让我们回头看汉代斗栱发展之情形如何。所谓发展，乃找出一些实例，从而假定一种发展的顺序，借以了解汉代建筑上斗栱普遍化的原因。我的建构不敢说有绝对的妥当性，而在说明一种思想的线索。

·尼泊尔庙宇

　　自上节中，我曾提到四落水顶的角隅可能是构造上创新的机会。本节前面，我提到斗栱多出现在角隅上。这些伏笔均指向一个假定，即上述斗栱出跳的性质均自翼角出挑上产生。我们可想象一个四落水顶出檐之结构问题，在角隅之外，可很轻松地由大椽来负担。角隅部分本亦可自斜脊的虚线部分设一大料，以自然地承担屋面，但是这样的构成虽在敦煌壁画中有例子可见，亦可见于朝鲜半岛民间建筑，却因为没有拉系于柱间的梁材固定此结构体，对于早期的比较幼稚的建造技术，又是面对比较大规模的建筑，是相当困难的。

　　我的推想是这斜脊的大料确实是存在的，但因为结构不能独立，故需要辅助性的支撑。支撑的方法，最直截了当，而又很牢固的，是使用斜材自柱身撑持分负荷的角梁。这个方法是否在汉代通用在一般建筑上实不敢说，然而苏波氏曾观察平壤汉墓叉斜出以承屋顶的方法，推想汉文献中所描写的斗栱是属于此类[1]。

---

〔1〕　Alexander Soper（w/ Sickman）: *The Art and Architecture of China*，Part II，Penguin Books，p.225.

· 画像石显示的汉门楼上部

　　在尼泊尔一带，庙宇建筑之形态甚值得我们思索，当地人士至今仍认为是他们影响了中国建筑的发生。此无可考，但观察其形式：二层出挑深远的平直四坡屋顶，且有束腰式的平座，甚至檐角的装饰均类汉代建筑。而值得注意的是其出檐撑持的方法是使用斜材。这说明同一问题可能导出同一解决方法。事实上在已发现的汉明器中，确有表示类似结构方式的例子。手边的资料显示一望楼自柱角呈45度斜向撑持角隅，很生动清爽地说明了这一结构的直率，是非常值得参考的。因其毫无含混之感，可说明该形式在明器制作者心中的形象清晰，恐非杜撰而成。我们自尼泊尔庙宇上看，可知此种结构虽嫌原始，然其装饰性仍强，仍可收堂皇富丽之感觉。该等庙宇之斜材有极尽复杂之雕凿，与后期我国的斗栱一样，是整个庙宇之视觉重点。

　　这些斜撑式挑出的例子很多，在四川汉画像砖及沂南汉墓的画像石上，均可看出类似的东西出现在门阙及望楼上。这些画面虽甚简陋，但很清晰地表示着向外倾斜的一周列柱，非常近似尼泊尔庙宇的形式。倾斜的柱子很难作为结构的主体，故我们有理由相信其内部尚有直立的结构柱，这些斜柱不过是为应付上大下小的造型所使用的。值得注意的是，有了斜柱的门阙，没有任何征象可看作斗栱系统的存在。故可以说斜柱确是代替斗栱的一种系统，而且是相当普遍的。

放弃斜材的解决方法，以寻求矩形的解决，在结构上与视觉上都有充分的理由。自结构上看，斜撑是在系统之外另加的辅助材，是一种附属物；自视觉上，一个矩形的结构系统忽有一成角的部材，是不协调的，这两个理由促使自梁枋系统作水平挑出，上施过渡的斗栱构件，是一种改进。在汉明器的遗物中，有一望楼的模型，显示角隅由一呈45度水平挑出之部材，上施斗栱，支撑着翼角，说明在当时这也是一种通用之方法。

水平挑出可以成为结构的有机部分，即自金柱与角部檐柱间之拉系枋径行挑出[1]。若使用在垂直于长向的正面，即梁头之伸出，或"穿插枋"之伸出，尤为自然，然而使用在角部，有一个问题有待解决，而明器遗物因过小，很难见其细部。即其大"翘"虽无疑问，其上之肘木，必然垂直于角梁，其上所施之升，承托在哪里？一种可能性为其三升之居中央者再使用蜀柱承托角梁，而二端之升则各承托长短二面之檐桁，成为很稳定的构造。这种方式在辽金的遗物中有所发现[2]，但掩藏在后期很复杂的斗栱系统中。这在力学上却是很合理的。

自对角线挑出的斗栱，由于已经具备刚固檐桁的作用，其下一

---

〔1〕 这是宋以后我国建筑构架的实际情形。

〔2〕 辽代独乐寺观音阁之上檐，及山西应县佛宫寺塔之各层转角，华栱之方向均类此。

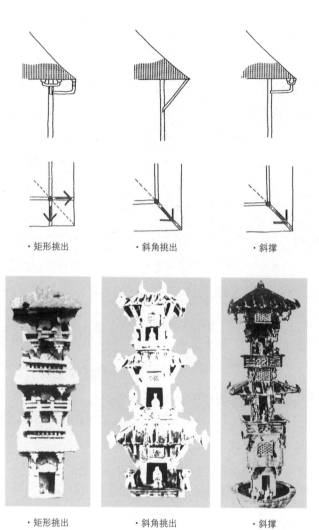

・矩形挑出　　　　・斜角挑出　　　　・斜撑

・矩形挑出　　　　・斜角挑出　　　　・斜撑

步走向直角挑出的方式是很自然的。在发现的汉代明器中，大多数表示出直角挑出的斗栱，说明在望楼或类似的建筑物中，此种做法是最普遍的。在结构上，这种做法是把对角两面的草栿伸出，用斗栱承托长短两向的檐桁，分担了角梁承载的重量。这是一种间接解决角隅出挑问题的方法，但在结构上不及上面的方法合理，后世使用，多因为形式上配合矩形外观的格调；相信汉代的建筑师们也是持这种理由的。后日较复杂的斗栱系统则两者兼用，如大雁塔门楣雕刻上所见。

如果我们大体上接受上文的讨论，则汉代斗栱可以说呈现了初创时期"百花齐放"的局面，而逐渐走上矩形的斗栱挑出的形式[1]。在这里面，后代的昂没有出现，我们几乎可以大胆地说，具有大椽意味的"昂"并不是汉传统之间的东西。

雅安的高颐阙，建于公元 209 年，可以总结地看出汉代三百年的斗栱的形象。它显示出：一、斗栱的形制不统一（而且有了列栱）；二、斗栱做水平的挑出，没有斜向的转角铺作[2]；三、斗栱用于平坐，不一定用于撩檐枋出挑，说明了椽承重的存在，以及斗栱作为装饰意味的存在；四、绘画或浮雕所成的饰带（Frieze）已经存在，可能帮助说明汉代建筑装饰之性质与其富丽之处。

我们需要略加讨论的，是自高颐阙上，我们看出"井干"结构与挑出有一段渊源，而且在早期很可能是与斗栱系统相关联的，尤其在

---

[1] 这个推论主要根据的事实是自汉末至唐末，斗栱系统是矩形架构的缩影。

[2] 角部斗栱出现栱身一半的情形见于望都汉墓画像石。冯焕阙上之斗栱在角部，两向横栱相交于一斗。高颐阙则由两向横栱支持挑檐檩。

·汉高颐阙

室内空间不太重要的建物上。在沂南画像石上，我们看出望楼的结构在屋顶之下至少有斗栱、柱梁，及介乎斗栱与柱梁之间的过渡部分，有显著的出挑作用。高颐阙则很明确地表现出这过渡的部分是"井干"组合，方法是很直率的水平挑出，上置横木，层层叠起，若柴夫晾木材的堆法。在高颐阙上的情形，且可明显看出柱上有大斗，而角柱上的大斗则承起井字形的梁枋，若仔细研究自大斗至平坐之间的结构关系，则可看出斗栱不过是具有装饰的、升起较高的一层罢了。所以我曾一度把斗栱的来源与井干式挑出连起来看，认为斗栱是井干的装饰性演变。这种想法虽未必有何根据，但自高颐阙假想的断面看，不能不说是有若干可能性的。

　　与井干挑出类似的手法，亦可见于沂南画像石，为一种很不稳定的矩形木架构造。阙之形式似以三柱二开间为通例，经二次挑出后，上面变为三开间。由于画像石很简陋，不易看出是每层挑出属于整层

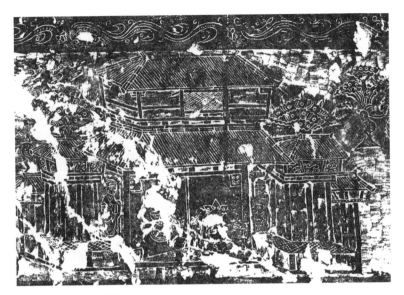

· 沂南汉画像石显示的楼阁

的高度，抑或只是一种蜀柱性质，以比例看似以后者较合理。若然，则此种挑出，仍可视为井干式，我颇怀疑所谓井干楼者，可能属于此类，非日本奈良正仓院式的井干组合。结构的不稳定由于使用蜀柱，可能利用斜撑加以刚固，如前所讨论的画像石上的情形，亦可能如若干画像石所显示，使用屋架式的三角固定，或为后代人字补间的滥觞。无可详考，只好留待日后。

三 汉晋赋上有关斗栱的解释

汉代的遗物虽然不多，但在《昭明文选》上有几篇描写有关汉代及其稍后的城市与建筑的文字，应该加以讨论。这不仅是因为该等文字是直接以城市或建筑为对象的，而且我国是重文字与传承的国家，这些文章至少间接地影响了后代的建筑与城市，乃至描写建筑的文章。

同时，正因为我国文人的态度是重传承的，又是重文字的，汉赋以及后来的说明建筑的文章，可以取信的程度甚为有限。重文字表示文人易于流入感情的想象，而不甚重视描写与描写物之间的差距，着重于美丽的辞藻，夸张的述说，并没有记述的精神。而溢美之辞，既不足作为史迹的证据看，又无法找出详实的细节。汉赋在中国文学史上，已经算是特别重形式的了[1]。若干文字在六朝的末期，已有了解的困难，迨至隋唐，注疏家已有逐句解说的必要。后代之解说，或据《尔雅》，或据《说文》，然其以今释古之现象绝不能免。宋李诚之《营造法式》，卷一即为名词解释，亦不外为古今之疏通，其可靠性甚成问题。

我国文人有重传统之习惯，因而互相因袭成为风气。每有名作，洛阳纸贵，文之在先者，对后代文人之影响甚大，对描写性之文章，因袭造成之损害无可弥补。盖建筑形式之演变是无情的，用同样的文辞描写不同之构造，对后世研究建筑者无参考价值。两汉魏晋有数百年之久，《文选》之赋所描写者自西京、东京，而至魏都、晋宫，成文之先后亦在百年之外，而诸赋中对建筑之描写，除少数外，大都使用同样之字眼，几使人怀疑出于同人之手笔。若把同样之描写，看作同样之建筑，则汉魏几百年间相距千里之建筑可称一致，这自然是说不过去的事。

---

[1] 赋为韵文与对句等，文学史家（胡云翼、易君左等）无不认为这是一种重形式之文章。这种严格的形式为音节、字形所控制，易流于模仿，对于描写具体的形象是最不利的。

为便于讨论，兹将该等赋上有关大木形制的部分录出印在下面；为使现代读者易于了解，特分行印出，并附唐李善之注解。

班固《西都赋》：

　　因瑰材而究奇，抗应龙之虹梁。梁形似龙，其光彩又如虹。

　　列棼橑以布翼，荷栋桴而高骧。

　　上反宇以盖戴，激日景而纳光。

张衡《西京赋》：

　　疏龙首以抗殿，状巍峨以岌业。凿麻首山以举殿故巍峨。

　　亘雄虹之长梁，结棼橑以相接。长梁朱漆而绘以五彩殿上，诸梁、椽、栋接凑。

　　跱游极于浮柱，结重栾以相承。短柱上有承梁。柱梁斗栱相承。

　　橧桴重棼，锷锷列列。

　　反宇业业，飞檐辙辙。（方廷珪云注家均不明白。）

左思《魏都赋》：

　　枌橑栋椽复结，栾栌栱斗叠施。

　　丹梁虹申以并亘，丹梁如虹蜺重叠而并长。

　　朱桷森布而支离。

王延寿《鲁灵光殿赋》：

　　万楹丛倚，磊砢相扶。

　　浮柱岹嵽以星悬，殿柱高低不齐短柱相连众多。

　　漂峣峣而枝拄。

　　飞梁偃蹇以虹指，殿中袤之梁仰以为虹指物。

　　揭蘧蘧而腾凑。

　　层栌磥垝以岌峨，飞梁之上又有短梁。

曲枅要绍而环句,

芝栭横罗以戢香,<small>曲枅委折桐比列,芝形之斗罗布而众多。</small>

枝掌权丫而斜据。

傍天蛴以横出,<small>交木(枅斗)参差据梁柱栌枅等提出。</small>

互黝纠而搏负。

下弗蔚以璀错,上崎嶬而重注。

何晏《景福殿赋》:

罗疏柱之泪越,肃坁鄂之锵锵。

飞檐翼以轩翥,反宇輚以高骧。

脩梁采制,下裹上奇。

桁梧复叠,势合形离。<small>斗栱以承梁。</small>

魄如宛虹,赫如奔螭。

爰有禁楄,勒分翼张。<small>四翼之短椽。</small>

承以阳马,接以员方。<small>阳马,屋四角以承短椽。</small>

飞柳即阳马鸟踊,双辕即禁楄是荷。

(于是)兰栭积重,窭数矩设,<small>斗栱重叠,言梁上斗栱陈设。</small>

欂栌各落以相承,<small>斗升相承。</small>

栾栱天蛴而交结。<small>斗栱曲折交结貌。</small>

在我们看过这些文字之后,立刻得到一种时代错乱的印象。一位建筑的行外人若不由文辞想象一个明清的宫室反而是很奇怪的。在我们讨论了汉代建筑之遗物之后,如何能把它们与这些辞藻连在一起呢?有些字意很明显的,几乎使我们怀疑自汉至六朝一切遗物的正确性。第一,班固、张衡、何晏均提到"反宇"与"飞檐",反宇的传统解释是屋顶曲线所造成的屋檐上扬的状貌，与飞檐是同义的[1]。可是我们在遗物中连一点曲线屋顶的暗示都没有，这如何去解释呢？第二，每位作者均屡提到"虹梁"的字眼，而虹梁是宋代《法式》中提到的一种曲形梁材，其形式没有任何结构上的意义，而在迟至初唐日本的建筑上方才发现，在我国本土的唐初大雁塔门楣石刻上却没有，何以在汉代以来就如此普遍[2]了呢？第三，与斗栱有关的字眼，诸如"重栾"、"层栌"、"欓栌"、"栾栱"、"兰栭"、"芝栭"、"曲枅"、"桁梧"等，描写的字眼无非是"叠施"、"相承"等等，难免令人想到唐宋以后的斗栱，与一斗三升的汉代斗栱怎样比较呢？使用这些字眼，只是因为求辞藻华丽而创造出来的呢，还是后人不了解前人的语言，而注释家竟作了笼统的解释呢？第四，何晏文中有"飞枊鸟踊"四字，后人之解释，包括李诫在内，均认"枊"即昂。如以唐以后之建筑来想象，这四字是非常生动的，但汉代遗物中，没有任何有关"昂"之存在的暗示[3]。

　　严格地说，这些问题的解答没有一个是在我们的能力之内的；恐怕也没有考古家能给我们满意的答复。要概念地思考这些问题，我们只能假定汉赋之描写是真实的，或是虚浮的。若假定依后世注家之解释为真实，则只有认为我们手边汉代遗物之资料是不完备的。有人可

---

[1] 清代之解释不同,方廷珪所刻《昭明文选集成》云注家均不明白。另一通俗版本《孙评文选》,则以清式建筑描述反宇之意义,谓"边头瓦微使上反"。

[2] 奈良东大寺法华堂建于初唐,大约为较早具有月梁之例子。六朝末法隆寺似无此制。

[3] 李善注中指枊为阳马,而阳马又释为角梁,李诫《营造法式》中,径写"枊"为"昂",足证看法未必一致。

以说汉赋描写的是帝都之宫殿，遗物发现者是民间之建筑[1]，也许宫殿的建筑比较有近乎后世之制度。这种说法是不可信的，因为我们观察唐以后之建筑绘画与雕刻，对斗栱之表现虽未必真切，但其形象却极为明显可辨，**这说明斗栱为一视觉重点，不会被画工所遗漏**，若武氏祠中之雕刻，其人兽装饰均与赋中之描述相类[2]，何以在斗栱上却表现如此之差呢？武氏为世爵，墓室之雕凿不能以平民建筑视之。

汉赋之描写亦不能完全以虚浮视之，文中对装饰的若干说明，如脊饰、大门饰、藻井饰，乃至"因木成形"的雕刻等均可在汉代或稍后的遗物上印证。何况班、张等均为汉人，夸张可以，殊无杜撰之必要。我们只能说，汉代宫室的建造制度是隐藏在华丽的辞藻中了。

我个人认为，汉赋对建筑部材的描写，均已无法了解。固然，我们可以批评汉人虚浮，使用怪异的字眼，但**该等字眼在当时必有其意义，只是时人因语文的演化或建筑的演化而迷失了**。举例说，清式斗栱中的"翘"字，宋称"华栱"。若我们未发现《营造法式》一书，见有"华栱"二字，必然会解释为绘有花纹之栱。此为语文演化之例。又如汉赋中"虹梁"一语，宋《法式》中，李诫释为"梁曲如虹也"，而清初方廷珪则释为"其光彩如虹"。这种差别乃因宋时有梁为曲形，而清代废弃，故在李诫与方廷珪之眼中，"虹梁"之意义大异，此为建筑演化之例。因此我推测有关斗栱的那些字眼恐怕都不一定指后日的斗栱，乃指当时内外檐上的大木构件。

---

〔1〕 此说甚有意义，最先由苏波在 *The Art and Architecture of China* 一书的第 221 页中指出，值得注意。

〔2〕 见王延寿《鲁灵光殿赋》："飞禽走兽，因木生姿。"下文中有白虎、虬龙、朱鸟、腾蛇、白鹿、蟠、狡兔、玄熊等，为十分具体之描写。

为证明我的推断，可以上引《景福殿赋》最后两句来看，如照注解，大意为："兰形的斗相重叠，在梁上罗列着，斗升相承，曲栱相交结着。"

这岂不是重复的吗？这种重复不只限于这两句,同赋中"桁梧复叠"也是同一种解释。这些文学家竟无聊地搬弄文字到这种程度吗？当时使用这样多大木的字眼，可能是在构件上的种类比今日为繁多。或者因为汉代木架制度尚未制式化，同一构件之做法不同，形貌不同，而有不同的名称。注《文选》的李善已生长在建筑制度化了的唐代，何以明白当时的状貌呢！

如果这样去推想，我们可以说文人们的描写是一种非常富丽的建筑，然而与今天我们所看到的六朝以后的建筑，在性质上有甚大的区别。它是一种在结构上比较原始，在装饰上却极为繁琐的建筑。根据《鲁灵光殿赋》的描写，每一个结构部材大约都刻了飞禽走兽，而且都很生动，能为文人所称赏。故我们猜测，它在结构上并不复杂（虽然已有重栱），只是装饰的形象使结构物显得复杂而已。斗栱与井干出跳的部材在华丽的建筑中，很可能也是花样繁多的。这是比较原始的建筑所共有的特色，不足为奇。

自上面的讨论，我有一个大胆的推想：汉晋以来的赋的描写本身有互相抄袭的倾向，而互相抄袭的内容复不为后人所了解。两京、三都在南北朝时代均经焚毁，无可对证，**这不甚了然的词汇，很可能为后代建筑匠师想象力的来源，因而影响了建筑，创造了不同于汉代建筑的形式。**反宇、飞檐在汉代的文中不一定表示实际的举折，但到六朝，可能因受文学的影响而促成了举折。虹梁在汉赋中可能不见得表示曲梁，却因辞藻的影响，由唐代匠师发明了虹梁。"虹"

可以表示气势，不一定为形似或色类。对于虹梁，笔者确有此感，盖检讨唐宋之遗物，看不出曲梁在机能上有任何意义，无论如何无法认定在结构的初创时代，有舍直取曲的条件[1]。它的意义只可能是形式上的。比较日本奈良药师寺塔上斗栱与唐招提寺金堂之斗栱，可以明白何以曲梁是形式的。虽然斗栱有各种曲线形，却只足说明没有一定的制度，梁之曲形在装饰价值上较斗栱为低，在结构上为困难，不能以斗栱之自由形论断之。

在解除了后人注释的束缚以后，我们很直接地回头读这些文字，有时会发现新鲜解释的可能性。没有一个形式的成见去读赋文，自然有很大的困难，但却提供了机会，使我们与遗物之所发现，有了印证的机会。苏波氏曾就景福殿"飞柳鸟踊，双辕是荷"加以解释，不在唐宋的形式中找，而发现在朝鲜半岛 6 世纪时代之"天王地灵"墓内部，有一种斜出的叉手（"人"字形），上承突出之结构，因联想"双辕"可能表示此叉手（而非日后之解释"禁楄"也）。而"昂"可能是初次出现之真昂由斜出之叉手荷持。其说虽未足征信，然仍具有创造性之思考方法。

根据同样的推论，我们可以重新解释《鲁灵光殿赋》中，所谓"枝掌权丫而斜据，傍夭蛴以横出"。传统的说法，无非仍是斗栱错落突出的意思，但我们如以新鲜的眼光看它，则觉："掌"，撑也，"枝"，"支"也；"支撑"可以作为苏波氏解释之补充。"权丫"，传统注为"参差貌"，何若直接解释为"权丫"？即使传统解为"特出貌"的"夭蛴"，何不

---

〔1〕 在韩国庆州的佛国寺，其紫霞门有虹梁之设，似为金柱、檐柱之高差，造成乳栿弯曲之情形，可为一种合理的解释。

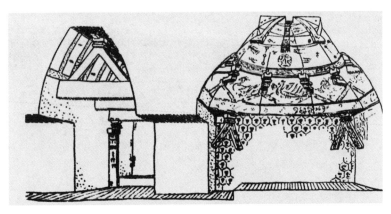

· 平壤汉墓中的"叉手"

取"树枝频伸"的较明显的说法（《辞源》）？有了这种解释，再回头看看上节所谈及的斜出的支撑材，可能是斗栱之前身，或斗栱之补充的讨论，则觉汉赋中之描写，未必不能与遗物相验证。

然后，这样推想下去自然使我们想起李明仲在《营造法式》中所提供的资料。原来在宋代，我国建筑中的昂就有"上昂"、"下昂"之分，上昂就是斜撑，下昂才是杠杆，只是因为在后代中没有动人的"上昂"之遗物发现，又没有杠杆原理具有戏剧性，故不为人所注意，其意义甚至也没有为研究《营造法式》的学者所充分引申，只按《法式》中之注释，认其用在殿内[1]，似乎是一种内部装修的做法。其实《法式》中明明注着上昂使用在"平坐"上，平坐是后代楼阁地板面挑出的形象的名称，如上推至汉代，其位置正是我们今天在少数的画像石及石刻中所看到的楼阁束腰后再斜出的部分。这种做法与宋

---

〔1〕 李诫：《营造法式》，卷一，"飞昂"条下注。

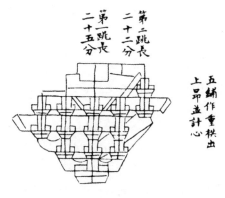

· 宋《营造法式》中的上昂

代之上昂自然有简繁之别，在原则上却是一样的。而到宋代，上昂虽列入《法式》之中，恐怕已经很少使用了。汉代则十分广泛，使用在具有重要纪念性的阙上，使用在宗教性建筑的塔楼上，使用在住宅群的望楼上，必然还使用在很多其他重要的建筑物上。只是因为斜撑在形式上较为原始、粗陋，在追求典雅美、协调美的发展中，被我国后代大多数匠师所放弃；即使宋人把它穿插在复杂的斗栱之中，仍觉不如下昂洒脱、自然。但这些不是已经足够使我们体味到汉赋中描写的真实感了吗？

四　斗栱之西方来源论

由于民国以来我国建筑史家之著述，国人已经习惯以机能主义的观点看我国建筑之斗栱[1]。这个角度因大量唐宋遗物之发现，推演分

────────

[1]　梁思成：《清式营造则例·绪论》。

明，得到相当坚实的证据，大体上可以作为我国斗栱发展史的立论基础。但是在任何看似定论的历史中，均有一些因某种原因被人忽略的角度；而在业经湮没的历史事实中，这些角度反而可能有极重要的地位，甚或具有历史的真实性。斗栱之西方来源论就是这类事件的一个例子。

西方来源论最早是西方人提出来的。他们惊讶于我国建筑中斗栱之富丽，却找不出一定的理由来解释其意义，很自然地向中亚一带的建筑中找源头。西方希腊、罗马的建筑虽然没有斗栱之存在，但斗栱在檐下形成之饰带（Frieze）感，西方史家很早即感觉到，难免不与西方作品相对照。在西人研究国史的清末民初，我国唐宋时代富有结构意味的遗物均尚未发现，当时发现的山东嘉祥梁氏祠与四川的高颐阙等，在斗栱的形制上虽极简单（甚至不明确），却与明清一样，有一种饰带的含意。尤其是高颐阙面上的浮雕，俨然希腊式之组成，难怪穆勒氏自中亚受到希腊文化影响的波斯帝国，找到非常类似的形式，几乎可指证我国西部建筑形式确受西方影响[1]。

穆勒氏的例子在形似上虽然很占优势，在推理上却未必很能服人。我国建筑为一种土、木合一的建筑，故自始即有很浓厚的木造构物的色彩。木造建筑的形态，在建筑之发轫期，没有可能完全模仿以土、石为主的中亚或西亚建筑。如果有文化移植的情形发生，其能发生影响的部分，多限于性质相同的部分。比如西亚之"台"与中国古代"台"之间的关系，虽然扑朔迷离，却有十分之可能性，所差的只是找出历

---

〔1〕 穆勒（Moller）之意见由威立茨（William Willetts）引入其著作中，见 William Willetts：*Chinese Art* II，Relican Paperback，Richard & Clay Co. Sulfolk，p.706。

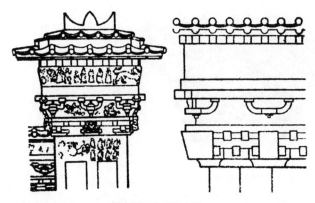

· 高颐阙与伊朗民屋比较

史的根据[1]。盖两者之间之共通性甚多,相互假借之可能性亦甚多之故。又建筑上的附属装饰, 特别是石刻的艺术, 或图案的艺术, 都是容易感受影响的。我国六朝以后的石刻, 深受中亚、西亚、印度之影响, 可以作为说明, 因其用材相同, 使用之部位相同, 有充分移植之条件。但是两类完全不同的材料所产生的构造物, 在结构与构造部材上着意模仿, 是不十分可能的。

我看穆勒的论列, 如有任何意义, 充其量表示石阙形态或曾受波斯影响。穆氏之原著因语言、时间之隔, 没有细察其内容, 然而根据我国方面之资料, 阙之形态在汉代似亦为木造, 且成为典型, 与望楼很近似。底部为下大上小之高陡的基础, 由木干组成, 实际为窄而高的柱列。这类结构即使有了倾斜的外形, 也不是稳定而合理的, 想来内部必实以夯土, 使柱列纯为连系之骨材。此一细长之台基之上为井

〔1〕 台为纪念性建筑形式, 自世界各早期文化观察, 似通行于西亚、中国北部、玛雅等之干燥地区。这些文化间的历史关系有多人谈及, 为极有趣味的课题。

· 冯焕阙檐下斗栱

干叠成。此种井干的构造，可能用做刚固基部长腿的构材，亦可能用做挑出之方法。汉代甚为流行，故汉赋中屡有所见。斗栱之第一个位置在井干之上，如高颐阙上之情形，托着平台。有时平台之上有一层如斜撑出挑，前文中曾加论列，很可能与盛行于尼泊尔之构法近似。此一斜撑上承另一平台，台上再列柱梁，檐下部分应该是斗栱之第二个位置。比较高颐阙与四川出土汉砖刻上之形象，似乎前者的斗栱就是后者之斜撑的位置。汉阙与沂南汉墓中的石刻望楼相差甚微。望楼之斗栱在檐下，亦见于型制较小的冯焕阙。这些讨论志在说明汉阙上的斗栱可能是结构的有机的部材，而不是波斯民间建筑的形式模仿。可惜我们对波斯古代建筑之认识太少，无法做较仔细的分析[1]。

在威立茨的著作中，又曾提到印度来源的问题。他指出在印度Orissa地方的一座庙宇里，在公元4世纪，有木质斗栱出现[2]。根据威氏的图解，可看出在此庙柱子上与六朝时代我国石窟寺中所见有其相近之处，但斗栱部分形似而神异，其在构造上之组合观念完全不同，

---

〔1〕 威氏所知似亦极少，穆勒氏原文刊出于30年代，求证实甚困难。
〔2〕 见威立茨所著 *Chinese Art* Ⅱ 第704页图。

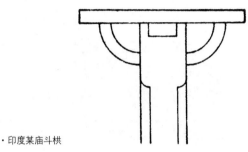

·印度某庙斗栱

似不足引为依据。

由于汉代与印度、波斯之间的交通已开，文化上的互相影响实甚为可能，然而目前学者所能提出者，只是一鳞半爪的痕迹，尚无法成为定论，其贡献在于启人疑窦者多，造成结论者少。希望我国的建筑史家能捐弃成见，在早年的中西交通上作认真的研究。

在对西人之看法略做说明之后，笔者愿在此处提出一种可能性，供读者思考，及未来之史家之认真研究，即：斗栱之宗教性来源的可能性。

数年前在研究南唐中主、后主二陵之发掘报告时，发现在斗栱之使用上，有甚多令人不解之处。南唐虽为小国，但其帝王的陵墓在装饰上使用的斗栱系统竟远落于时代之后，是使我最发生兴趣的一点。我们知道在唐末的9世纪中叶，斗栱的体制已很复杂，有佛光寺及敦煌壁画为证。斗栱的体制与使用者之身份地位的关系早已是唐代通行的观念，一个帝王的陵墓竟不如平民[1]，是很难想象的。我的第一个解释是石墓之雕刻因石质很硬，不易雕成复杂之斗栱系统，故采取较简

---

〔1〕 唐武宗时已有正式的制度。与在河南白沙发现的北宋时平民坟墓比较，南唐之帝陵实在很少装潢。

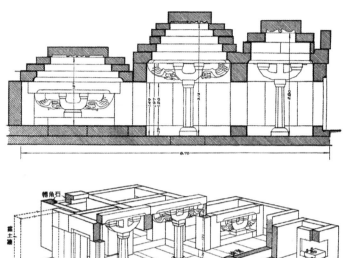

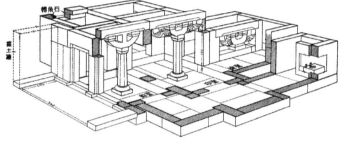

· 沂南汉墓之断面与透视图

单的形态。但自汉以来，我国有很长的浮刻经验，使用薄雕来代替立体的系统，同样可以收富丽的装饰效果。同时，墓中对斗栱之使用方法使我怀疑斗栱的简单形式可能隐含一种宗教之象征在内[1]。

　　稍后，我看到沂南汉墓发掘的资料，对斗栱之宗教性解释乃作进一步之肯定。在这座汉代石墓中，使用了一座斗栱支持着分割该墓为二的过梁，在前室、中室、后室中各一。前室与中室之斗栱下

〔1〕　其简单内容经西人介绍，见 Andrew Boyd：*Chinese Architecture & Town Planning*，London，1962，p.143。

·汉晋间之翼兽

均为八角柱，后室较低，斗栱下只有柱头。这种两个入口，左右分开的做法，在后代的我国建筑中是很稀有的。在遗例中，只有法隆寺之中门是两开间，是否另有宗教之意义，在此只有存疑。值得注意的是这三座斗栱的形式与位置。前室中的斗栱，是一斗三升的雏形，事实上等于一斗二升，中间之一升类似高颐阙上的形象，没有升的样子，似为一突出之横木。中室、后室的斗栱，都是一斗二升，引人注意的是两耳的侧面均有硕大翼状挑出，使得斗栱之意义绝对超乎于结构意义之上。

翼状挑出是有西方之来源的，这种形式在西亚艺术及建筑装饰中很普遍，而翅膀在象征上有神、力、升天等含义，有翼的猛狮即使在文明的希腊也很通常。我们无法确实知道它在汉墓中的意义，也没法推测一斗二升为何加翼，但可以推测的是一斗二升的形式有一种神格，使它可以因加翼而更为神化。在沂南汉墓后室中的斗栱，因没有了柱子，使人感觉斗栱的本身确实就是一个接受崇拜的实体。

汉墓的发现在这方面是一个浑然的谜，扑朔迷离，使人若有所悟，却不能十分肯定其真伪。诸如：若一斗二升可以神化，何以未曾放在令人可以崇拜的位置，却作为分割左右两部使用呢？这里有些很深刻

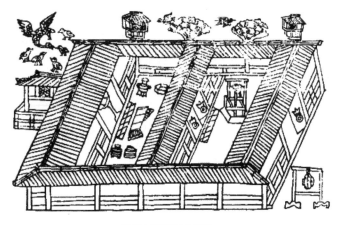

·沂南画像石显示的院落

的意义，是我们目前无法知道的。

可是在同一墓中那些宝贵的石刻里，有几幅非常动人的建筑的图画，可以告诉我们这件故事的部分真相。沂南汉墓的石刻相当确实地描写了汉代沿海地区的木结构与空间形式及其装饰纹样，在建筑史上的贡献是不可言喻的。在这些石刻纹样中，一般的建筑上是没有斗栱的形象的，只有在地位显要的建筑上才有。其中最动人的一幅是描画了一座两进的四合院，在中轴线上，大门、二门均有熟悉的兽环，在位置最尊的第三进的正面，赫然有一个一斗二升的形象立于正面。如同哥特教堂大门之中柱一样居于二柱之间。这个形象与该墓本身的斗栱一样，无论在尺寸上与建筑物之比例，或就其位置、形状看，都不能说与结构或构造有任何之牵连。若仔细注意院内之陈设，乃发现一斗二升之前有一铺砌之平台，台前有一几，几之两旁有鼎、钟等祭典用具，使人觉得若不是斗栱本身就是神明，至少它是室内神明的护神。如这样想，则西亚建筑装饰中的有翼狮身，与这一斗二升就具有同样的功能了。

由之，我十分肯定一斗二升的宗教性意义，可惜未能自社会文化史上印证而使之更加清晰。可是在斗栱发生的期间有了这样一段插话，使其来源愈加混乱，无法清理了。

自宗教的含义去看一斗二升，受西方影响的可能性很大。这一种原始的象征的形态，几乎是埃及以来中东文化中所通有的，勉强与我国文化西来说连起来看，亦非无稽之谈。周秦以来，我国儒、道的思想虽奠定了两千年文化的型式，若说当时没有神秘性、象征性的宗教思想恐亦是偏见；以希腊、罗马史为例，可知理性与非理性的存在本是并行不悖的[1]。汉代的一斗二升自形式上看，是向上弯曲的一条线，与支配东地中海的象征，在实质上没有两样。

在埃及的文化里，Ka 代表着宗教上最高的精神，是一种"生之力"的符号，是一切宇宙力的来源。在古埃及的符号里，Ka 是两手上扬的形象[2]。克里特岛的文化，一般说来，可以由一个近似牛角的上扬曲线为代表。虽有人猜测是牛角象征所转化而来[3]，若取其形象的语言，则与埃及文化中 Ka 的精神没有两样，只是克里特文化是一种现世的活泼的文化，在抽象的内涵上较少，生命的外显上较多而已。这种形式，以笔者的浅见推测，与日后逐渐被广泛使用的僧帽式，有着一种象征

---

〔1〕 古希腊文化中，太阳神代表理性、酒神代表神秘的观念在罗素的《哲学史》中述说得最为清楚。

〔2〕 Sigfried Giedion: *The Eternal Present*，V.II *The Beginning of Architecture*，Pantheon Books，1957，p.90.

〔3〕 Marshall Davidson，Leonard Cottrell：*The Horizon Book of Lost Worlds*，Doubleday，New York，1962，p.240.

・埃及之 Ka

・克里特之牛角

上的关系，在古代亚洲建筑形式与装饰上，几乎成为普遍的语言。后文中讨论六朝我国建筑形式时，当仔细加以论述。

五 六朝时代斗栱发展之谜

六朝时代是中国民族暴露在外来民族侵袭之下的时代。民族在水深火热之中，外有异族文化成分的渗入，内则有南方地区文化的成长，对于形成唐宋以后之文化型态，六朝时代无疑是一个起步。研究建筑发展史的学者对这个时代的兴趣，以伊东等人为代表，均着眼于其文化融合的一面，找出佛教的艺术，以及通过中亚传来的西方古典艺术的痕迹[1]。但是对木结构的发展问题，则一方面由于遗物很少，一方面由于情况非常混乱，很少有人对此有较深入的探讨。

---

[1] 伊东忠太的主要贡献在此，其所著《中国建筑史》最具发现性的部分是西方艺术对六朝石窟之影响。

这个时代的斗栱发展是一个难解的谜。我们模糊地知道汉代有一个辉煌的建筑形式，而六朝末期与其紧随着的隋唐时代的初期，我们则有充分的实物，可以相当清楚地知道在 7 世纪，我国建筑的斗栱系统有了长足的发展，而且已经成熟。这说明六朝时代是我国古典建筑形式的孕育时期。然而，是哪些条件促成了这一发展的过程，哪些因素造成了隋唐的形式？什么时代、什么地点是这一发展的背景呢？这些疑问完全在我们的掌握之外。如果我们不能了解上提问题中至少部分的答案，对于我国后期斗栱形成期的历史，可以说是一个未经开垦的领域。

让我们先看在这谜样的时代里，所可能发展的成就是什么，亦即在这时代之前与时代之后在形式的衔接上我们所希望知道的是什么，然后就手边所有的材料，加以简单的讨论，看我们的谜的幅度与牵连是怎样的：

（一）在汉代的建筑中，没有"昂"的迹象。虽有"昂"字出现，但未有实物之证明，而很可能指另一种构件，如椽子等。在六朝的末期，见于日本法隆寺金堂者，为深远之出挑，很显然借重于硕大的"昂"材。自椽子出挑的汉代情形，到昂出挑的六朝末期建筑，我们可以相当安全地说，这个时代是**昂发生的时代**。

（二）在汉代的建筑中没有"举折"的迹象，亦即在建筑的外表上不论是正面的轮廓线，或屋面的侧影都是直线的。在六朝的末期，见于法隆寺者，却出现明显的曲线[1]。而到唐代，曲线屋顶是毫无疑问的了。自朴实、爽直的直线形，到轻快、飘逸而神秘的曲线形的发展，

---

[1] 金堂屋顶为后代所改建，但相信曲线屋面并非后日的形式。日本奈良之唐构屋架多被更改提高，以符合日本后代之趣味，但观察其结构，知曲线是存在的。

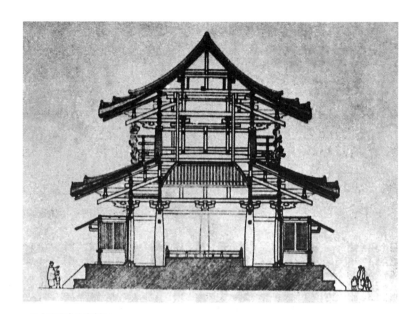

· 日本法隆寺金堂断面

· 法隆寺廊

斗栱的起源与发展

我们可以说这个时代是**曲线发生的时代**。

面对这两个几乎相当确定的历史事实，我们知道了些什么？是很值得检讨的。很可惜，目前的史料所能提示的极少，而所能到手的材料，多无法说明这历史任务如何达成，何时完成。目前我们所知道的，还只是伊东忠太等人在半个世纪前所完成的。

遗物有两种来源，一是石窟寺中之浮雕，塔之早期形式在云冈石窟中有很明确的描画，而其斗栱的系统亦明晰可见。石窟寺中之装饰尤其很明确地显示一斗三升及人字补间是当时很通行的表达语汇。天龙山石窟寺之第一窟入口有最近似木结构之斗栱系统，进一步证明一斗三升及人字补间的实在[1]。第二种来源可见于两晋以来在石面上刻划的图画，或为碑身，或为其他纪念性石器，如波士顿美术馆中之六朝小型房屋模型上所见。这一来源所显示的，只是矩形木框与人字补间的结构。从这些材料中，我们可以确定六朝时代的北方建筑流行着汉代所未曾有，或未曾普及的人字补间铺作。而自遗物上观察，**这种系统不但没有昂材的存在，而且没有出挑的迹象**。

所以我们所掌握的材料，除了增加我们的困惑之外，不但对这四个世纪承汉启唐的责任无法了解，甚至汉代建筑如何发展为北朝之形式，也成为谜的一部分了。

如果六朝的建筑是两汉的推演，则根据形式发展的常规，只能自简单到复杂，自创造到模仿，如自我们所知的两汉建筑发展下来，**我们会预期更多的出挑，而不是完全不出挑，我们会预期汉式体制的固定化，而不是一种几乎完全不同的系统**。

---

[1] 此一斗栱，由威立茨所著 *Chinese Art* Ⅱ 一书转载，见该书第 707 页。

我说一斗三升、人字补间对汉而言是一种新形式，乃因为斗栱出挑的系统与一斗三升而不出挑的系统，在结构观念上完全不同。汉代的系统有桁承重的含义，是与唐以后的建筑结构系统大体吻合可以衔接的，而一斗三升则属于大椽排列的承重系统，显然在我国建筑发展之系统之外。[1] 为什么呢？是什么因素造成这种转变？有待遗物的进一步发现，及历史家的努力。把六朝形式认系汉形式的进步，是一种很浅显的说法。

不但自汉至北朝需要一种解释，自北朝的一斗三升过渡到唐代的重栱出跳是另一个令人困惑的谜。同样的，其转变并不在于自简而繁，而是一种形式、结构观念的改变，在解释上必须加上外在的因素。自北朝的形式逻辑推演下去，则我们预期一种饰带化了的唐代结构，预期一种更彻底的椽子系统，甚至我们可以推演出西洋的屋架系统来。

六 一斗三升的结构意义

何以言之？一斗三升在六朝期间已成为一种条带式的装饰，因而有固定化的倾向。其在结构上的作用很小，充其量不过是在构造上刚固了柱梁的节点，这样的形式若不经由革命，很难跳出因袭的圈子。而"叉手"式的结构稳定的观念与人字补间一样，与真正的屋架之三角形构成，只有一步之差，如何使人想象出汉代矩形架构的恢复呢？

---

〔1〕 此处假定建筑之出檐甚大，有使用大椽之必要，与我国建筑比较，日本飞鸟时代的建筑使用之椽材大得多，故日本后代建筑一般说来出檐轻快深远。20 世纪传入美国，影响其西部之露椽深檐住宅建筑，多少是属于这一传统。

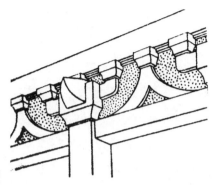

· 麦积山石窟斗栱

　　连续性是存在的。在斗栱本身的形式上，汉代没有定制，一斗三升亦仅有雏形，南北朝时一斗三升形制上的普遍化是一种连续的现象。可是只有斗栱形象上的连续对大多的问题都不能提供解答。

　　如果我们很细心地研究遗物上所表现出的一斗三升，可以发现有三种不同的形式，每种形式均意味着不同的结构观念。而在表达的遗物上，形象又均极为明确，不像是无意间所犯的错误。第一类是我们所希望看到的较合理的形式。在各石窟寺中，特别是云冈石窟寺，有些塔（如第三十九窟中之塔柱）及龙门石窟的石刻，均表示斗栱似为柱头有机的部分。在麦积山石窟寺之正面，此种形式的结构意义最为明显，有如后期挑尖梁的构材突出于一斗三升的坐斗之外，使该坐斗很明白地成为一个柱头。斗栱的装饰性已经存在，额枋之作用似乎在于负担其上之人字补间。没有挑出，檐桁与正心桁显然是重叠的。只有从这一类，加上进一步出挑的需要，才能大体连上唐代的系统。[1]

---

〔1〕　此处所指出之例子均为目前被广泛介绍的石窟寺中之建筑形象，大都可以在数种印刷品中看到，似无特别指出之必要。最早如伊东之著作，及战后各国书籍之介绍。

第二类是我们所不希望看到，而竟公然出现，因此扰乱了斗栱发展的逻辑的。在天龙山第一窟与南响堂山第五窟均有庞大的斗栱形象的门楣。其最重要的特色是它们的一斗三升系统不在柱头上，而是在柱间，人字原来是补间的，却落在柱头上（天龙山）。这是非常难于解释的现象，特别是出现在有建筑尺度的雕刻上，很难否定它的存在。

第三类则是饰带式的形象。此种形象在云冈石窟中处处可见，显然不能表示任何结构的意义。这些饰带有时与宗教性装饰的纹样纠结在一起。这种形式除了暗示我们一斗三升与人字补间是当时已固定化了的意象以外，可说没有多少价值。其中比较启人疑窦的是在云冈第二窟北魏塔柱上，以立体的雕刻表示出了一斗三升与人字铺作的系统，但却只在四角上有柱子。由于塔柱的本身是十分逼真的建筑，令人怀疑在当时饰带式的形象是否发生在真实的建筑上。

在以上三类形象之中，第一、第二两类已经够造成混乱的局面了。而第一类的形式在结构与装饰性两方面亦缺乏统一性。很不幸，上文所提麦积山石窟较合理的形式，却不是较常见的一类，因而更增加了情状的混乱。在云冈石窟中所见，一切作为柱头铺作的一斗

·云冈第二窟塔柱

·天龙山第一窟外景

· 云冈第十二窟

三升，均在额枋之上，其柱子与斗栱之间不但隔着额枋，而且另有一硕大的柱头式的坐斗。由于出现之次数太多，我们实在不能否定这种形式的实际存在，而这样双坐斗的制度却使我们茫然于其存在的逻辑。

在装饰上，有一个例子颇可令人深思，因而可借以加强斗栱的西方来源论。在云冈第十二窟中，结构形象不但采用双坐斗制，且斗栱的本身的形状已无斗升的形迹，而是来自西亚的狮身像。这是一种中西合璧的早期的例子呢，还是一斗三升由亚述狮身柱头而来？是费人猜量的。衡之北朝结构的装饰性，在柱头之上的斗栱实无具体结构意义可言，说它是装饰物的演化亦非可轻易推翻的。

为求破解一斗三升在结构意义上的含混不清，我们撇开不合理的第二类，以第一类及其中的变体作为例子，做一个较深入的分析。传统历史家提到一斗三升时，多看为孤立的形式，忽略了它在完整的结构体中的意义。我们应当自这种斗栱在结构体中所负之任务着手，及

· 云冈第二十一窟塔柱

它怎样与其他部材结合在一起，去留心它的意义。

我们知道唐宋以后的斗栱在结构上扮演的角色，虽然有时是装饰的，却均在我们的酌量之中。我们甚至相当明确地知道汉代斗栱的意义，虽然汉代在更模糊更遥远的时代，但对于南北朝的一斗三升，却十分不容易了解，其理由是**在魏晋以前，及在隋唐以后，其斗栱系统，不论其简繁，均无疑的多少与我国建筑中深远的出檐有关，因而在形体上，是三向度的，是突出于正面的。**南北朝有一斗三升，由于是平面的，是限于正心缝上的一个图案，今天来了解它，真像一个有趣的谜。近代的建筑史家居然没有对它发生兴趣，是使我觉得相当奇怪的一件事。

具体地说，我们的问题是这样的：这一个正心缝上的二度的图案与其结构的本身怎样连结在一起呢？我们知道结构的本身是矩形的框架，梁枋穿插在一起，然后经由柱子把上面的重量落到地上。我们知

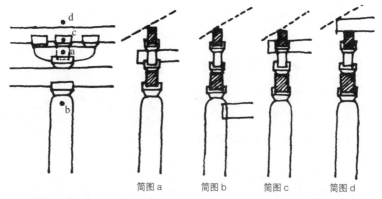

简图 a　　　简图 b　　　简图 c　　　简图 d

· 一斗三升梁之可能位置

道斗栱至少在早期是一种构造的、装饰的部材，谈不上结构，但是这二度的正面怎样站立起来，支住屋顶的？更具体地思索这个问题，它的意思是：**与结构内部的梁柱的连结点在哪里**[1]？

　　自这个问题上去观察云冈第二十一窟的北魏塔柱立图，就感觉出这谜的力量了。这塔柱是如此逼真的一座建筑，甚至没有第二窟塔柱中柱子的问题，但经过这一问，立刻发现这个塔柱是由一个带有斗栱形象的平面包围着，竟看不出一点立体结构的端倪，甚至结构问题比较繁杂的角隅也未见有交代。第二十一窟不过是一个例子而已，几乎大多数的例子亦均如此，使得我们不得不为结构的逻辑，回头来尝试恢复它的意义。让我们仔细一一试来。

　　为求清晰起见，以比较具有代表性，且尺寸较大的云冈第十二窟之浮雕做例子。我们假想自结构内部连结正面的梁头落在柱子的

──────────

〔1〕　笔者觉得有讨论此一问题之必要，乃因日后较复杂的斗栱系统中承重的梁柱在斗栱组上的位置，或为耍头、或为下昂、或为华栱，本无固定的规矩。

中心线上应该是没有问题的。但落在哪一点呢？以结构的逻辑性看，大约有四点是可能的，我们以其合理的程度依次加以分析。

最合理的梁柱的接触点是与栱成正交处，亦即上页图之第一点。简图 a 为这种假想的断面，说明阑额以上的坐斗是交互斗的形式，乃虹梁或穿插枋与栱相交。在这一假想情形下，斗栱的系统是有效的构造的工具，把梁枋之连结合理地戏剧化了。交互斗为额枋与虹梁之过渡材，栱强化了檐檩在柱心线上接头的感觉。同时阑额下的柱头式大斗可以合理地解释为刚固阑额接头之用。

除了解释较为合理外，尚有两个理由可以作为有力之旁证支持这个假想。第一是前提麦积山上的浮雕，梁尖如此硕大而清晰地突出，使人无法怀疑。可惜我们无法亲自到现场观察，不能证实这一浮雕在南北朝结构上的代表性。但除非有相当强的反证，证明它是属于后代的作品，否则虽属稀少的例子，也不能不承认它的存在。第二个理由是历史的。自南北朝后期以来的日本飞鸟建筑，迄于中、日两国的后代建筑，处处都告诉我们一斗三升的梁尖出跳是在这一点。苏波氏根据日本佛教建筑之研究曾导出此一结论。[1] 在我国建筑中，以宋《法式》为总结的唐宋斗栱系统里，令栱的形式可以作为一斗·三升的缩影来看，因为它们都是直接承受撩檐枋的，两者都是有明显的耍头存在的。宋式中的耍头虽为装饰，其为退化了的结构部材却十分可能。

有名的 8 世纪的大雁塔门楣石刻上，除了告诉我们唐初的斗栱系统外，在不为人所注意的两翼回廊上，可以看出唐代一斗三升、人字

---

〔1〕　见苏波氏在《日本庙宇史》一书中之讨论。Alexander Soper: *The Evolution of Buddhist Architecture in Japan*，Princeton University Press，1945.

· 大雁塔门楣石刻上的两翼回廊

补间的构造关系。自拓印后的印刷本上观察，容或有含混之处，但可十分肯定地说栱之中央有部材突出。一斗三升之坐斗为交互斗。大雁塔之浮雕表示的结构与北朝石窟寺中所见有很大的差别，主要在于前者为阑额穿入柱身顶端，属于汉、唐以来之传统，后者阑额则经由大斗下至柱身，较近西式之手法。简图 a 可说明大雁塔所暗示之正面之剖面。

这一个假定虽然有这些理由来支持，却有一先天的直接的困难。即在石窟寺的大多数例子中，即使刻划十分明显的浮雕，也没有表示出耍头的迹象，而大斗却是重复的。这一现象非常普遍，使我们不能不考虑它的真实性。在笔者手边的资料中，一切一斗三升的形象，均近似笔架，乃以两个近半圆形之空隙来表示三升之存在，而升斗之尺寸又完全相同，没有交互斗之痕迹。这一点自纯形式上看已可推翻第一点的假定，而使它与整个的唐宋系统截然分开。

第二个可能的柱梁交接点，若考虑了柱头式大斗的存在是真实的，

· 六朝画像石显示的民屋木构造

　　则可能为柱头下方，穿插枋以榫插入柱身，以完成架构的功能，而未露梁头（清代则均露头），如简图 b 所示。由于阑额不是穿插于柱头之中，而是承托在大斗上，故梁枋或穿插枋插入柱子在结构上是稳定的。在此情形下，斗栱的系统成为柱梁架构之上的附属物，其意义可能是调整檐檩之高度，以免深远的出檐压在开口上，显得厚重而阴暗。[1]

　　此一假定的最大意义在于大斗柱头之出现。虽然东汉时代武梁氏祠中之石刻有独立柱之出现，但因形象过分简单，很难看出在整体结构中之意义；而散布于各地，尤其是四川与沂南之发掘，可看出代表性的汉代结构，是正面有数根拉系材而将柱间分隔为很多较小格子的系统。这是一种很标准的木构造，其系统不但传至唐宋，且远渡而影响了日本的建筑。**我国宋代以后的独立柱系统，自梁枋以下独立于石**

---

〔1〕 以清式为例，斗栱为额枋上之构材，挑尖梁与穿插枋均为拉系性质。在一斗三升之情形下，因所占高度不大，故挑尖梁可与穿插枋合并。这种情形当然要依赖很壮大的椽材。

础上的做法，在今天看来似乎是始自南北朝的早期，其被采用，很可能是受西方之影响：柱头、柱身与柱基的三段法反映了西方的观念。不但如此，我们还可以很容易下推论：这种做法即使在南北朝，是限于宗教性建筑的。理由是西方柱式的使用亦多属宗教建筑，我国南北朝之佛教建筑既自健驮罗传来大量的西式纹样，在建筑上受影响是很自然的。

由于西式柱范的采用，正面的额枋就被提到柱头以上，成为过梁，一斗三升与人字补间的连续就顺理成章地取代了西式庙宇上的饰带，这是我国建筑史上在明清以前的首次斗栱饰带化时期。因此，独立柱身与梁枋在柱头以下连结，而把斗栱当作装饰来处理，是很说得过去的。

当然，这种可能性的优点是自石窟浮雕上看乃是仅有的可能性，而其缺点则在于完全没有证据。由于我们至今没有一座实在建筑物可资研究，只能写在这里存疑了。另一个致命的因素是我国建筑上，主要构架的梁枋必然是直接支承，很少有榫接的，我们所猜测的汉代一般建筑的正面剖视，似乎也是直接安置于隐于屋檐下的阑额之上。在我国建筑传统中的南北朝建筑，梁枋直接插入柱身，是不太容易接受的想法。

第三个可能性则为梁尖取代一斗三升中央一升的位置（简图 c），这个假定在实物上没有任何证据，但可自汉阙石刻中看到这种做法。它的困难处是升身很小，作为次要支撑材还有可能，作为梁尖则极为勉强。

第四种可能性为梁尖放在斗栱上托枋子的上面，如简图 d 所示。这样假定自然亦无证据，而是把整个斗栱饰带看作桁架来设定的。这是比较戏剧性的假设，但若以云冈第二窟中塔柱的例子，做这种假设不但合理而且是必要的了。但是对它的反证却十分坚强。自云冈第二窟塔柱与第十二窟浮雕上看来，很明显的，一斗三升所承托的是一根檐檩，不但断面很小，而且是圆形。在这样一个圆木上安置承重的大梁显然是不可能的。而在大多数模型与浮雕上如此清楚地刻划着圆形的椽条整齐地压在这根圆的檩上，使我们失去假定的勇气了。

综之，我们对一斗三升系统的讨论无非说明这一系统在结构上十分含混。在讨论了这些可能性之后，我们可以大体上说，它没有结构的意义，甚至失去了在两汉时代斗栱的意义，而为装饰的，也许是宗教的意义。这一点结论使我们深感在传承的关系上有极为难解之处。

这个结论自然不是说南北朝时代的斗栱系统在我国建筑史上没有传承的意义。相反的，一斗三升的系统确实是有效地结束了魏晋的多方面的发展，而定于一简单的形式上；这种形式又成为是后一千多年我国斗栱系统发展的起点。如果说我国建筑结构的系统的发展自一斗三升始，与事实相去不远。而日本自法隆寺以来一系列的发展，均反映了此一演进的精神。[1]

这是说，在我国建筑斗栱系统的出跳发展上，一斗三升提供了一个坚强的零点。自此而有一跳、二跳等的发展，终于形成宋代以后形制繁复的制度。同时，由于南北朝早期大木制度没有出挑，檐之伸出依靠大椽，终于促进了六朝末期的昂材的出现。

七　曲线与昂的出现

我国建筑最惹人注目，被中外人士认系最大特点的，是它屋顶上的曲线。自外人东渐，开始对我国建筑发生兴趣以来，即为此外形所

---

[1]　Alexander Soper: *The Evolution of Buddhist Architecture in Japan.*

迷惑，并因而想象出不少的理由来，假定它的起源 。大体说来，对于曲线的解释，不论中外，多属于外在的猜测，似乎这个重要的特征，只是偶然中发展出来的，因而假说虽多，却无一令人折服。除撇开一些早期的幼稚的联想以外，即使是较易采信的形态论或机能论都不容易作为全面的依据。

首先讨论似是而非的机能论。在一个机械主义的时代里，机能论当然是比较受一般历史家所欢迎的。比较为一般人，尤其是我国的建筑史家所接受的，是说曲线的来源是因我国先民应付环境的能力：一方面需要很长的出檐以遮蔽夏日的阳光，又需要"反宇"以"向阳"，迎接冬日的阳光；同时北方的阵雨需要较陡斜的屋面以排水，而曲线可使斜檐之下半段平缓，以使强力下注的雨水，排出较远[1]。我国人对这说法的喜爱，一方面由于此一解释的合理性，另方面乃此一说法来自古籍，且可自然上推曲线形式至春秋时代。然而它之不能使人心服者，乃因这些表面的理由，其解决的方法既未必一定要采取困难的曲线一途，而此种地理的现象，又非限于中国，使人觉得古籍上的叙述充其量是说明该类屋面存在以后令人感到的好处，却不是说明其产生的原因。一个很明显的令人怀疑之处，乃实质环境所决定之条件，应自较原始的住居建筑开始，不应只适用于较豪华的宫殿。完全相反，宫殿建筑常常因为形式的矫饰的要求而损失较自然的应付自然环境的手法[2]。

---

[1] 《考工记》载"上尊而宇卑，则吐水疾而霤远"，虽未必一定可解释为举折，国人自林徽因以来均相信"上尊而宇卑"是屋面曲线的具体说明。

[2] 最近建筑理论的研究开始追溯至原始时代或较落后之地区，乃因直率的机能的表现必须自根源处找，只有形式与象征的特色才只在宫殿建筑上出现。对原始形态之一般介绍，可见于《原始村落之计划》，柯林斯编，张岱文译，境与象出版社。

外国的美术史家，特别是自南方进入我国的英、美派人士，所持的机能论是结构性的。福格森很早就认为中国屋顶的曲线，是由过细的梁材因过大的跨度而生的弯曲而得来。[1]威立茨不同意这个看法，却大同小异地提出劈竹筒瓦顶的理论，认为系由这种劈竹瓦弯曲而形成的。威氏不惜长篇累牍地辩论他的观点，然而不过是同一理论，易木为竹而已。[2]

自我国南方的屋面曲线看，证之台湾地区的民屋，可知这种下坠弯曲论有相当的说服力。然而它的困难处在于我们要接受这种看法必须承认南方形式对正统的影响。南方的地方形态，特别是比较蛮荒的民居形式，在六朝时代尚谈不上对北方的汉文化有影响的力量，如果我们相信汉代文献中的富丽堂皇的形式的话。与上一种解释所遇上的问题很类似：历史上很不容易找出较低的文化形式征服较高的文化形式的例子，除非有强力的政治征服。

这种机能说之未能深入而令人信服，另一个重要的理由是，**他们所设定的先定条件几乎都不能在合理的限度内，促成一种极其复杂的结构系统**，而且都缺乏在美术形态的发展上，具有推演性的生命的关系。自常识上看，为求向阳，或求雨水流得远些，有很多比较简单的可能性，与曲线的复杂结构比较起来，后者似乎小题大做。而民间结构下弯呈现的曲线，即使可以促使汉代建筑做革命性的改变（已甚不可思议），在结构的系统对这种曲线做如何的调整以适应新形式上，缺乏一

---

[1] James Fergusson: *History of Indian & Eastern Architecture.*

[2] 威氏之说法较木构造说尤不合理。在材料上，劈竹而为屋顶在较小型的建筑中特别不容易发生弯曲。盖劈竹均为大断面者，抗弯性较一般木材为强。

种历史的推演的理据足资凭信。笔者认为任何合理的机能主义的解释，一定要是中原建筑本位的演变，外在的影响只能逐渐地吸收到本位建筑中来，而被吸收、融溶在原有的系统里，终于演而为另一种新的综合。

自此着眼，曲线的出现可能是很多因素、很多力量结合的结果。伊东忠太所主张的形态说，是对中国人美感观念的膜拜，很类似我国文人如林语堂者所做的解释[1]。这一点自历史上看是很动人的，因为我国建筑的曲线既然萌芽于六朝的末期，而当时正是我国轻灵的老庄的文学及思想盛行的时代，正是写出"气韵生动"的画论的时代。创造屋顶的曲线以减轻笨重、迟滞的感觉，岂不正是这个时代所应有的发明吗？恰巧这个多难的时代又是我国历史上被迫认真地开发风光明媚的江南的时代，是不是陶渊明、谢灵运之类的人所因而想出来的呢？这一结论显然也难免轻率，虽然在常识性推测的范围内，不失为一个聪明的说法。

在这样茫然的历史背景之中，我知道要在已有的说明之外，另找解释，是一件不太讨好而难免标新立异之讥的。但是我眼前看到几种可能性，不能不在此略作讨论，供日后有兴趣的学者参考。由于缺乏明确的实物的证据，我的说法自然是推论性的。

一般说来，在机能论的发展上看曲线的起源，我赞成福格森的看法[2]，认为曲线是曲折线所演进而成，因为这本是中国建筑上的事实。折线的来源，在我看来，是由于简单的屋顶（二坡顶与四坡顶），

---

〔1〕 林语堂曾提到中国之艺术重气韵，曾以建筑之曲线与书、画之气韵相类比，为一般文人所共同承认的解释。

〔2〕 福氏此说乃转引自伊东氏之《中国建筑史》一书第一章对中国建筑形式之一般性讨论，原书未注，不知其出处。

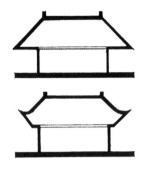

· 伊东忠太所主张的形态说

因为某种机能上的原因，与其他简单的屋顶（如单坡、二坡、四坡）相结合的结果。折线的屋面在欧洲也是很普遍的，有低矮的屋舍进深增加时所造成的下折屋面，亦有因坡度过大的屋面上，要使用屋顶下面三角形空间而形成的上折屋面；这是福格森立论的基础。伊东不赞成这个说法，主要因为同样的屋面在欧洲既可保持为折线，为何在中国会演变而为曲线？ 这个问题使伊东觉得形式需要的解释要比没有必然性的机能论的解释为佳。

但是我认为，这种机能性的折线在欧洲与中国的演变不同，主要是因为欧洲为椽承重系统，**其断折之问题可以桁架来顺利地解决，要变成曲线则是极为困难的。这一点在中国檩承重系统的情形下，变成曲线却是十分自然的。**[1]这种曲线所特有的连续性，依我的意见，使得我们的屋顶有着比起欧洲来更为复杂的多样性，而**仍能保持整体性，无自然拼凑的痕迹。**这点分别，恐怕是伊东未能觉察到的。

---

〔1〕 详细讨论见汉宝德：《自斗栱看我国建筑形式之演变》，载《建筑》双月刊第九期。

· 法隆寺金堂

据说在汉代已有了歇山顶[1]，这一发展对我国屋顶曲线有深远的意义。歇山顶是一个普通的两面坡房子的檐下，接上一个四面坡屋顶所构成，其形状在早期形成的阶段可能予人以奇异的感觉，但在外国这种任意附加的单面坡（Lean-on）是平常的，歇山只是四面均有单面坡而已。我们到现在还可以在台湾各市的市郊看到类似的结合。相当于我国北齐时代的法隆寺，其金堂中的玉虫厨子的屋顶是歇山顶，然而不像其金堂本来为一和缓的曲线，而显然是断折的两个屋面所组成。[2]我们可以推想这种做法并非海外孤例。在汉代四川德阳出土的画像砖

〔1〕 见刘敦桢《汉代建筑式样与装饰》一文，载《中国营造学社汇刊》五卷二期。
〔2〕 玉虫厨子之屋顶曾为刘敦桢等看出，于上引文中讨论。

· 法隆寺玉虫厨子

上，我曾注意到屋顶的刻划是断开的[1]。由于我们知道画像砖之制作程序，是模压制成，其阴模是事先刻好的，刻画技术上的问题可以小心地解决，故该画像砖上出现正面的断纹，几乎可以断定是故意为之，我们依之下结论虽难免草率，但可以推论由于大屋面实际的需要，由断折的两个面组成一个屋顶，在当时也许是偶尔试用的。在我们所提的这个例子中，形式上虽未有歇山的暗示，但观察其断折的上下两部，可发现上部瓦线均为垂直的线条，下半段则为倾斜的线条。若把它与法隆寺的小模型对照着看，则觉得有相当的近似性。这两个间接的例子至少可以进一步证明已有的说法。[2]

这个推论与我国建筑中的重檐对照起来，就更感到顺理成章。重檐在历史上虽表示尊贵的意思，但当其始，下檐必然是上檐在机能上的补充，原来是一种外加的部分。在宋画中，我们常看到一些例子，

─────────────

[1] 载于《中国建筑》一书，复刊载于黄宝瑜《中国建筑史》之图录中，第六图。

[2] 梁思成等在《晋汾古建筑预查纪略》一文中查出霍县东福昌寺正殿有属于这类结构的屋顶，是对于此一说法的进一步证明。

· 四川汉画像砖显示的屋顶断纹

由于屋宇轩敞，不利于气候的控制，因而于檐下另加轻质小檐。宋《法式》中，下檐被称为"副阶"，亦可推测其外加的意思。承认重檐为一种双元的组合，则汉魏之间断折的屋面，只是重檐的一种变体而已，其差别是双檐之间是否保留空间的问题。

曲线出现的第二个可能性是象征性的。这一点很不容易有具体的证据，下文的推论只是一种说法，供未来的学者参考。

一般说来，学者们对我国建筑曲线产生的年代，约略定为南北朝与隋唐之间[1]。这种说法很容易为大家接受，因为自北魏石窟寺到初唐大雁塔的门楣石刻，中间有近两个世纪可供发展。纯从机能论的观点，这样的安排是很恰当的，可惜有些证据，很容易推翻这个时代的妥当性。

至少有几个证据可充分证明六朝时代的后期有相当成熟的曲线屋顶。最著名的例子当然是 6 世纪的奈良法隆寺。一个经过文化的转折所建造出来的曲线屋顶，其最初的来源必然有较早的历史是明显的。

---

〔1〕 作此说明者很多，如威立茨 *Chinese Art* Ⅱ 一书第 708 页有此推断。

苏波氏对法隆寺上曲线的产生，认乃经由南方之影响，因在历史上，当时日本接受中国文化是经百济为媒介，而百济在中国的与国是南朝。[1]他持有一种南方产生曲线，修改了北方宫廷建筑的理论。这样的说法就南朝的建筑来说，是相当合理的，因为南朝建筑是北方宫廷建筑的南移，在时代、地点上都是适当于形式融合的。如果北朝没有曲线的证据，这个说法就可采信了，但是北朝是有遗物证明其曲线的存在的。

北朝的证据有两种。一是在龙门石窟寺中，建于北魏，时在5世纪与6世纪之交的古阳洞、莲花洞中，有些小型的建筑形象的浮刻。这些雕刻在表现的方式上与云冈石窟中完全不同，显然其雕刻的工匠并不满意于当时较流行的正面刻法，而希望表示建筑屋面的复杂形象。这些小浮雕之表现歇山顶与暗示曲线屋面等，均曾为伊东忠太所注意到。[2]使用这些浮刻讨论所遇到的困难是确定它们的年代。虽然龙门诸窟的年代大体知道，但因石窟寺之开凿是历经数代的，很难说出这些浮刻的精确年代。好在一斗三升、人字铺作等形象大体说明是北朝之造物，可用为时代之证据。

北朝曲线形的第二个证据是发现属于北齐时代及其以前的几个造像碑。目前在华盛顿弗莱尔美术馆中的一座北齐造像碑上，有两座塔楼式的形象，线条简单，结构分明，其基层之列柱很长很密，似以汉阙在六朝时之演化形态，但其屋顶呈现明确的曲线，十分接近龙门莲花洞及长身观音洞之形式，虽有举折，檐线平直。另外有两座造像碑，则有完全

---

〔1〕 见 Alexander Soper: *The Evolution of Buddhist Architecture in Japan*，pp.34 ～ 37。该项讨论曾引关野贞氏之研究，说明在南京所发现之墓与百济地方的发掘在图样上十分接近，但如要找出明确的证据，说明建筑之不同则颇不易。

〔2〕 见伊东忠太《中国建筑史》。

·龙门长身观音洞

·北齐造像碑

不同的外观。现存美国堪萨斯市纳尔逊美术馆之一座西魏造像碑[1],其下段中央有一小型屋顶形象,显示一个起翘很高的正面,曲线之夸张效果,使人相信它不是一个偶然的事件,而系雕工对一形象着意的夸大。

最惹人注目的证物是现存东京大仓集古馆的北齐佛像。该佛像之背后布满了浮雕,大体上近似石窟寺中之布局;浮雕中有四座建筑之形象,上下各一,为单层的庙宇型,均四开间,左右各一为高层之塔,一为三开间,一为五开间。而各建筑之屋顶不但为曲线,且有极为夸张的起翘。就是这个浮雕型使我感觉到屋顶曲线可能有的象征意义。[2]

---

〔1〕 该二石碑均经广泛刊载,亦均见于前引苏波氏 *The Art & Architecture of China* 一书之美术部分,图版三八、四二。后者亦由黄宝瑜收于其《中国建筑史》中。

〔2〕 大仓集古馆之石碑,在伊东忠太之《中国建筑装饰》中有详细照片介绍。日本建筑史家原亦确定曲线屋顶发生在六朝末,然为此碑石刻形象所困惑。

· 东京大仓集古馆北齐佛像背面石刻

　　从这佛像背面的浮刻形象可以看出，屋顶两角上扬如同牛角，捧拥着一座印度塔，在形象上与纳尔逊美术馆藏碑所示虽颇有距离，但约略可看出角翼的起翘的要求，已非纯机能的举折曲线（见于龙门石窟者）所可以解释的了。翼角的曲线有自檐口平直的龙门形象向前发展，其理由几乎只有自精神方面找。而我觉得"气韵生动"之理由，并不能说明一些虔诚的宗教信仰者在造像碑上雕凿时的心情。

　　一种可能的解释是与前文所讨论的斗栱的西方来源有关。这个说法也许有些迂阔，没有充分的依据，但在形式象征的延续性上，是有深刻研究的必要的。

　　我曾于上文提到，自埃及、克里特岛、希腊、西亚文明中可找到的上扬曲线形的意义。这种涵义可以使用在斗栱上，当然也可以使用在屋顶的翼角起翘上。不但翼角起翘是这样的，鸱尾的形式亦可作如是观。

　　印度建筑的早期即从西方接受了一种母题（Motif），即于建筑的角隅使用忍冬式收头。在装饰性雕刻中，这种做法与印度塔结合起来，是

· 汉武梁祠石室浮刻

我国石窟寺中常见的形象。如果回溯得早些，在山东梁氏祠内发现的后汉石刻，其屋顶上的鸱尾亦呈同类的形象[1]。在鸱尾的形状上虽与希腊之忍冬不太相关，但其轮廓线却极为近似。自武氏室之浮雕上看，**在我国屋顶尚不知曲线为何物的时候，正脊与鸱尾之结合已有了曲线的趣味。**东汉曾否接受西方的影响，今天已很难查考。但若相信有关一斗二升之推论，屋顶装饰受西方之影响并不是不可相信的。

即使考察此一形式在西方史上发展的情形，也不是笔者所能办得到的，零星的西方的建筑知识中，可以大体回溯到希腊公元前4世纪以后的形态[2]。在石棺等纪念性建筑上，取小型庙宇的样子，四角均有忍冬草饰。自正面看，是一种三角形山墙由两个叶饰捧拥着

---

〔1〕 传统解释为蚩吻；蚩性好水，置于屋上以禁火灾。此有文献之证据，然其取形及与屋顶之关系，实超乎其迷信上之意义。

〔2〕 公元前4世纪以前之建筑上较少见，公元前4世纪以后之希腊庙宇上则极为普遍，西名 acroterion，为一种标准设置。

· 古希伯来图案

的样子。在早期希伯来的象征中，斯古利曾提到一种船形的东西[1]，两角挑起，非常相近于汉代屋脊上的形象。在组合上，自然是建筑两翼上扬的一种变体，使我觉得这些象征之广为流传，其间若无文化交流的关系，则其国际性竟可说是灵犀一点通了。

忍冬草捧着塔形的形象，流通亦很广，在印尼的佛教建筑中亦有所发现。[2] 来到中土，成为石窟寺一种最普通的装饰，其繁简有别，有时单独存在，其本身就是一个屋顶，有时作为屋顶上，特别是塔顶上的装饰，大约是属于顶礼膜拜式的形象。泰国系的建筑介乎中、印系之间，其屋顶之线条多平直，但其角隅均使用近似忍冬草叶之隅饰，造成收头甚至上扬之印象。自山墙方向看去（泰国建筑均为悬山式），

---

〔1〕 见 Vincent Scully: *Frank Lloyd Wright*, G. Braziller, New York, 1960, p.32。同样的形象所代表之图像意义（iconographical meaning）可见于希腊前 5 世纪奥林匹亚之宙斯大神庙之复原图上，承托宙斯像之形象。可与斯古利所引用之形象比较，其原始来源不详。斯氏原书曾引 *Journal of Hellenic Studies* 21，1901。宙斯庙可见于 Fletsher: *History of Architecture on Comparative Method*, 5th Edition, Greek Arch, p.81。

〔2〕 伊东忠太：《东洋建筑史研究·印度建筑史》，附图 47~48 页，1937 年，日本龙吟社。

宛如上述之西亚形象。这种组合竟是泰国文化的象征，其神话式的仙人衣装与头饰均用以为基础。

在这样的了解之下，回头看大仓集古馆佛像背面之石刻，可感到这种象征表示为屋顶的意思。在石刻最上面之四开间庙宇上，可看到屋角之起翘，捧着其上有凤来仪的中国母题。只有很细心的读者才能看到鸱尾。在这形象中，鸱尾在刻者的心目中分量很轻，只不过交代一笔而已。在石刻最下面的一个四开间庙宇形象中，我们看到，捧拥塔形圆顶的忍冬草形，实质上与鸱尾合而为一。汉代习惯上的凤凰则成对落在塔顶的承露盘上。翼角的起翘的夸张，实在是此一象征重复的表现。总结这两个形象，我们可以说，**在象征上，屋顶翼角、鸱尾及双手捧持塔形的六朝母题，是一体的三个面**。如果我们放开两边侧的三重塔与五重塔不谈，可注意在五重塔之第一重之屋顶上有两个很小的单开间屋面：一个弯曲上扬的形，埃及的 Ka，拥围着宇宙之生机。如果说这个符号是刻工心目中我国建筑形象的缩影，我们要很小心地去领会我国屋顶的意义了。

当然类似的讨论，不但没有做成结论的可能，而且没有做成结论的必要。我无意因此而说我国屋顶曲线的来源是象征的或宗教的，因为实质形态与象征形式之间有互相影响的可能。然而象征意义在造型上为一种有力的因素，是我要在此说明的用意。

暂时撇开举折曲线与起翘等之成因不谈，我们可以肯定地说，曲线的产生与昂之产生是有互相推演的关系的。回到形而下的可能性，昂是一个檐下的斜材，与构成屋顶的其他部材没有必然的关系，它的存在似乎只是为了屋顶曲线到接近檐口时突然平缓，不得不由它来负校正出挑时之角度的责任。为说明这个推演的关系，我们使

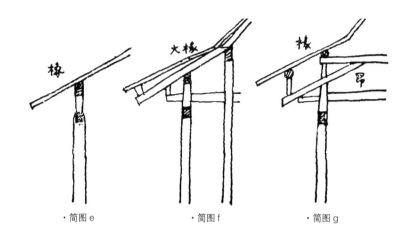

用几个简单的图解。简图 e 说明在北朝的早期，一斗三升的结构系统中，出檐是由椽子出挑造成的，椽均同样大小，排列在檐柱正心缝的檩上。由于屋面大体上是平直的，椽之另一端固定在一个以上的檩子上，出挑的部分与压在屋顶下的部分比较起来要短得多，构造上没有问题。但曲线屋面的要求使得檩子不在一条直线上，而且出檐为了曲线效果不能不增加，使得接近檐柱部分的屋顶结构成为一个复杂的问题。

　　简图 f 说明由于屋顶的断折及出檐的加长，为克服椽材在固定上的困难，及檐口下坠的趋势，首先椽材要增大，其次后尾要固定在比较牢固的所在，或为金柱柱头（如日本之遗例），或为梁底（如唐代之遗例），由于要采取这一步骤，椽子本身出挑就不可能了。出挑的部材只能限于有梁面的柱缝上，换言之，成为柱头构材的一部分，与屋顶的直接承受瓦材的椽机能就完全分开了。

　　简图 g 表示昂材出现后屋顶曲线与昂分开的情形。同时在出挑过远的情形下，即使昂材很大亦需额外之支持，故有梁头伸出，托住昂底的早期构造方式（如法隆寺斗栱）。云状肘木则为一种纯粹的装饰，为更复杂的斗栱开先河。

至此，我国建筑往后一千年的结构与形式的基础已经粗备了。读《洛阳伽蓝记》之有关永宁寺塔之记载，已使我们感到十分亲切，即使今日也好像去古不远呢。

发　展

一　华栱之产生与昂之推演关系

自南北朝末年以后，我国建筑之斗栱系统进入一个新纪元。遗物虽然很少，但在日本奈良的建筑组，以及敦煌石窟寺之壁画，加上大雁塔门楣上有名的石刻，可以给我们一个很明确的轮廓，把有唐一代的建筑发展，掌握一个大概。当然，由于在这一个相当长的时代中（约三百年），我们手边的证据实在太少，形象固然很明确，但要理出一个清楚的发展顺序来却不是很容易的事。好在留存下来的一些证物两两相隔七八十年，尚没有完全跳跃的情形。（法隆寺金堂约为公元 625 年，大雁塔石刻为公元 704 年，唐招提寺金堂在 8 世纪末，五台山佛光寺大殿为 9 世纪中叶。）

从少数的遗例来看，比较不容易为我们所理解的是昂机能的演变。在前文中我们讨论到昂之产生，使我们了解昂是结构出挑增加时所必然发展出的部材，可是自大雁塔门楣石刻看，使用华栱出挑代替了昂之机能，表示在 8 世纪之前恐怕已经相当成熟了。令人不解之处乃是华栱与昂之关系是怎样的。华栱在六朝期间无遗物可征，而大雁塔石刻又表现得十分成熟，它发展的情形是怎样的呢？华栱与昂是同时发

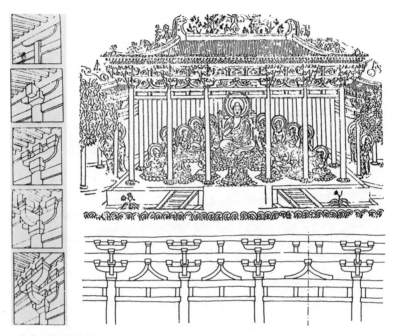

· 苏波氏看斗栱的演变 　　　　　· 大雁塔门楣石刻斗栱立面

展的呢，还是有先后的演变的关系呢？

　　这些问题都不容易回答，如果我们认为华栱取代了昂的机能，则 9世纪中叶的佛光寺大殿使用了昂，而且尚有相当的结构功能，就无法解释。如果说华栱的发展早于昂，则日本法隆寺的例子就成为一个大难题了。**在时代上，唯一可以求两全的解释，是华栱与昂同时发展，虽然我们没有充分的证据来辩解。下文中将试着就三种可能性加以申说。**

（一）华栱出跳是最自然的方法

　　华栱是斗栱系统中自柱面垂直突出，以上承檐檩的部材。在早期较简单的结构系统中，只要把乳栿之梁头伸出，即有初步的华栱的作用，这种方法至今仍在我国长江以南广大地域的民间建筑上使用着[1]，故若要以最合理的方法做不太深远的出檐，华栱是必然的手法。

亚历山大·苏波氏在研究日本庙宇的时候，为中、日建筑斗栱之发展画出了一些图解，说明其结构由简而繁的关系[2]，就是肯定了华栱的自然发展说。他提出了六个连续的图解：最早是于柱与梁之间加一横木；然后是于柱与栱木之间加一坐斗，梁头则自坐斗之上、横木之间伸出；其三是一斗三升之出现；第四个图解表示苏波氏认为一斗三升之后，自坐斗上发展为华栱出跳，上托梁头，似乎暗示在一斗三升之系统中，梁处在斗栱系统之上[3]；第五个图解则为一跳出檐的正宗形式（四铺作），在华栱之上托一令栱，横承撩檐枋。在他认为这种构造的逻辑发展下去，若要出跳二次，自然就是大雁塔门楣石刻上的系统了。故他是以那石刻作为发展图解的最后一个阶段（五铺作）。

虽然苏波氏没有说明这种发展产生的原因，但大体上在常识上是说得过去的。我个人不十分赞同他的第四图解，因为自结构机能主义的角度去看演变，则华栱之出跳必有其目的，只为了托住突出之梁头是说不过去的，我认为这一步可以与江南民间之建筑一样，托住一根檐檩。进一步接上第五阶段的令栱的出现，则觉十分顺理成章。但是整个说来，程序是很自然而顺适的。至于要深究此一发展的理

---

〔1〕 营造学社于抗战期间在川滇一带之调查，有甚多直接出挑之例子。在台湾民间庙宇与住宅上，特别在南部，此种做法仍极为常见。

〔2〕 Alexander Soper: *The Evolution of Buddhist Architecture in Japan*，p.94.

〔3〕 日本庙宇中目前仍存有苏波氏之各阶段之斗栱系统，似乎斗栱早期形式一直为日人使用中。比较原始的斗栱系统如一斗三升等，日京都清水寺中类别较多。

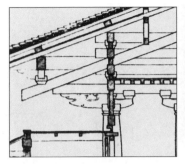

· 法隆寺金堂斗栱

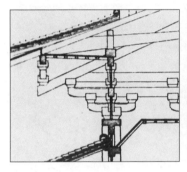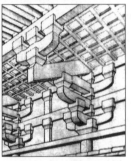

· 药师寺塔斗栱

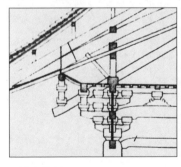

· 唐招提寺斗栱

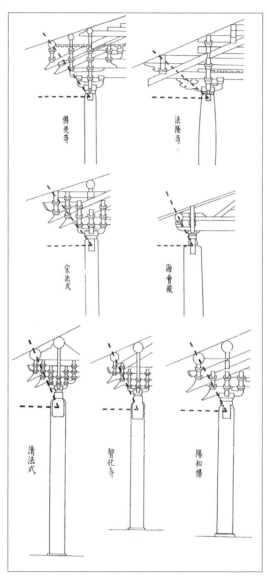

· 各主要建筑物斗栱出跳角度图

由，由简而繁、装饰性增加的要求，可以解释一部分；出檐渐求深远，可以解释另一部分的原因。只是在历史的发展上，很难用这种单纯的理由来说明汉代望楼上的复杂的斗栱系统反而演变为简单的一斗三升。

自日本的遗物看，**这些图解不必一定说明时代的顺序，也可以看作装饰等级不同的表现，可以应用在同一个时代里**。在约建于公元733年的日本奈良东大寺法华堂上即出现了等级不同的几种斗栱，虽然为一今日不易理解的现象，却可证明这一点。当然型制较繁的斗栱必然在型制简单的斗栱之后，社会制度等级细分的要求可能促成各种简繁型制的并存，甚至其发展[1]，未必一定要归之于结构演变的需要。

若自这个角度去观察，则觉唐初的斗栱系统，可以看作汉代斗栱的复活。所不同的，只是汉代系统杂陈，未有定制，而唐代经过南北朝以来的型制的传统化，则觉章法井然而已。我们可以推想在汉代斗栱之间必然也与建筑之位份有关。一斗二升、三升均已流行，到南北朝时代，战争频仍，建筑之规模必大受影响，亦即不曾有很深远的出檐。把斗、升与肘木等加以制度化，乃形成我们目前所能看到的遗物中的型制。在隋唐以后的安定的时代中，自然很容易产生一种建筑规模的复兴，装饰上的踵事增华是不可避免的。因而一斗三升无法应付较深之出檐，又不能满足统治者的需要，很自然地便要使用多跳的华栱，逐渐形成体制。

---

〔1〕唐代建筑形式在社会制度上的划分大约不如清代严格。清代一般只有宫廷庙宇才能使用大式，一般住宅均使用小式，而小式是没有斗栱的。这说明官式斗栱只限官家使用。唐代的规制今日虽不甚清楚，但既有王公以下不准使用重栱的话，意即斗栱系统的使用只有形制高下的分别，不是绝对禁止。

接受了这种想法，亦即假定汉代以来的矩形结构的传统由隋唐所接受；昂本不是属于这一系统中的东西。人字的补间可说是中原建筑传统中仅有的非矩形因素，但到唐初，人字已相当装饰化，跟随着屋顶的曲线而弯曲，其在结构上已无斜材之意义可言，故在很短的时间内，人字铺作就为蜀柱所取代，完全归回矩形的系统了。

（二）出跳深度的影响

在上节中我们曾提到昂之产生与举折及出檐有直接的关系。这一结论实在是说在举折较急、出檐较深的场合，昂之存在较有意义。由之我们也许可以推论在不太重要的建筑中，出檐不必要过深，举折比较平缓时，昂没有必要，乃采用比较常识性的华栱出挑，在当时也许只是汉代传统的复兴。

笔者觉得这是一种合理的推断，因自汉以来，斗栱之使用即以建筑之性质不同而有所差异。在前文提到的山东沂南石墓拓本上看，只有主体的建筑才有斗栱之装设，当然这些建筑的出檐是比较深远的。到目前为止的实物发掘中，显然只有要求出檐甚大的望楼，才有数跳的斗栱。

至于自六朝以后的例子看，也容易达到同样的结论。一般说来，日本飞鸟与奈良前期的建筑之出檐很大。试以法隆寺金堂之斗栱为例，可大体看出使用了昂，再加上六朝时代习用的大椽，其出檐，自柱面计算几乎等于柱高。而奈良时代的东大寺法华堂，使用了大椽及华栱一跳，其出檐约略等于柱高之一半。如以出檐深度与檐口高度计算，则前者大约相当，后者仅及三分之一。

以我国唐末前的例子看，其结果亦大体相当。在昂机能尚存的佛光寺大殿，使用重昂之后，出檐深度约等于檐口高度之三分之二。而较后期之下华严寺海会殿，因属次要殿堂，仅由梁头出挑，上托撩檐枋，其檐口高度与出檐之比不及三分之一。[1]

如果要进一步说明这一因素在唐初昂与华栱关系上的影响力，可以自唐宋以后昂机能的仔细研究中找出一点线索。笔者曾以佛光寺大殿斗栱与辽代独乐寺观音阁的斗栱组为依据，就昂之使用（此二建筑均使用重昂）之理由在结构上加以思考，研究当时的建筑师何以舍弃比较简单而构造合理的华栱不用。发现使用昂的好处并不在于加深出檐，因宋制、清制昂出挑与华栱出挑之水平距离都是相等的[2]，而其好处在于使用了昂可以相对地降低檐口的高度。换句话说，在整个建筑的比例上，使用昂等于增加了出檐的深度。这一点依笔者的浅见，是宋以前使用昂的主要原因，把昂当作一种纯粹的装饰，确实要在明清以后。

比较仔细地考虑这差异，大体上说，独乐寺观音阁上檐之重昂重栱制，其重昂部分之水平挑出等于重栱部分之120%，而上升之高度仅及于后者之50%，也就是说，重栱部分上扬角约45度，重昂部分尚不足30度。若将重昂之上之令栱高度计算在内，则以额枋之中心到檐枋之中心约等于45度，可以说在结构上这是出挑的最合理的角度。

同样的系统到宋代，《法式》之规定，则昂出挑与栱出挑已完全一致，只是在高度上，上昂与下昂之间的距离只有华栱高度的一半，即使用昂，尚可降低大约半材的檐口高度。结构上的机能减低，形态

---

〔1〕 本章中使用之数字均为约数，因在讨论中不必使用准确数字。若干比例乃自早期研究中引用，若干则直接从书籍所载之立面、断面图中量出。

〔2〕 宋以前之建筑似乎无每跳均相等的办法。辽金等地区的建筑显示跳愈向外者愈短，因而在出檐的比例上较小。是否因为北方气候不需要长出檐，因此修改了唐宋的正统做法，尚难以理解。

上的价值就相对地提高了。元代以后，昂之装饰性增加，已无实质上的意义。建于 14 世纪中叶之河北正定阳和楼斗栱，挑檐檩中心到阑额中心的斜角，上扬约 60 度，斗栱整个的系统类似倒正三角形，明清以后真昂已成难得之物，自不在讨论之内了。

由于早期很少纯由华栱出挑的实例可资依据，而大雁塔石刻为一透视图，没有可以度量的尺寸，我们很难提出精确的比较。梁思成发现，建于 11 世纪初的宝坻广济寺三大士殿，为一个重栱的建筑。度量其出挑之仰角，尚大于 60 度[1]，亦即较元代昂结构之仰角尚为保守，足可说明即使迟至宋元，使用昂仍然有相当的增加出挑的功能。

讨论至此，我们可以大体下一结论，即唐宋时代，昂出挑与华栱出挑本是并行发展的，使用昂，或华栱之抉择，对出檐深度之要求如不是全部的条件，至少是重要的条件，出檐深度之决定则很可能与建筑之位份有关，在唐代是有"王公以下，不得用重栱"的规定的。

（三）地域性风格的交互影响

就笔者所接触的资料中，尚没有谈到昂与地域关系的讨论。但若没有这一点补充，华栱与昂的演递关系还是不能明朗化。这个问题的比较清楚的说法是：若把华栱之出挑当作两汉形式的复兴与系统化，而华栱又有多重、单重之分，何以有昂介入之必要呢？在上节中我们虽然提到昂与大出檐、急剧举折之关系，但以明清为例，出檐与举折似乎都在华栱所可达成的限度之内，然则以此而推断隋唐，很难说有发明一种特殊部材之必要。因此，我们要接受昂为必要之构件，必须

---

[1]　梁思成：《宝坻广济寺三大士殿》，载《营造学社汇刊》三卷四期。角度为自断面图上量出。

· 唐招提寺 · 招提寺斗栱细部

找出产生昂之物理背景，亦即找到有大出檐、急剧举折的地理条件，故其结论必然归到某种特别的地域性风格的发扬与融合上。

在多数著作中均提到法隆寺建筑之来源不是北魏而是南朝的梁；该时代之日本与朝鲜半岛之百济相通，而百济为南朝之与国。根据当时之记载，佛学东来，亦分别与南北朝接触，苏波氏甚至推论金堂是来自印度的原型。故可以粗定法隆寺之遗物是一种六朝建筑的地方风格，只是其风格与中原之差异如何，很难推测而已。

撇开国际文化流通的关系不谈，单就南朝形式来说，笔者相信其地理的特殊条件经过中原文化之浸润而有其独特之发展，而于隋唐大一统之后，回输到中原，是一个相当合理的推论，虽然没有充分的证据。苏波氏曾指出唐朝以后，由于江南文化之长足发展，回输的分量很大。在建筑上，喻皓本人于南唐灭亡后归宋，其《木经》又多流传，南方之构造方法必然带进宋代之一般建筑中[1]。至于宋代建筑中受南方形态影响之情形，在隋唐如何发生，我们没法考证，但若仔细观察宋《营

―――――――――――

〔1〕 见苏波氏 *The Art and Architecture of China* 一书第 256 页。据说喻皓承认北方之建筑技术优秀但不知如何建造曲线。

造法式》以前的建筑，诸如佛光寺大殿与邻近的发展，可看出宋代的正统式样与唐、五代之建筑是直接的传承，很多可能染有南方色彩的特点，诸如正脊的起翘，必然在唐代已经成熟。

　　自地理环境上说，江南一带与朝鲜半岛之南部及日本均属于同一类型，故用日本奈良之法隆寺之一些特色类比南朝建筑之地方风格是可以说得过去的。具体地说来，南方风格有些什么特色呢？在材料上大量使用木材，甚或竹等不太耐久的有机材料，因此外形比较偏于轻灵飘逸。由于南方多雨而较少风沙，对于遮雨的出檐比较重视，厚重的外墙却不十分需要。这种机能上的要求恰恰与材料的性质相符。而使用橡子出挑又是南系的常法，很容易演而为昂。换言之，出檐深远与举折急促的条件，在中原的干燥地区不如在江南为适宜。中原地区本位的汉代文化传统所能发展的即华栱的多次出跳，不十分可能发明一种全新的构件去实现一种不必要的深远出檐。

　　这样来看地区间的交互影响，与上文中昂出檐的讨论，大体可连起来，把我们所假定的昂与华栱之关系，作一合理的结论。亦即，华栱顺着汉末与北朝的发展，而自成一井然的多阶层的系统。它是属于汉中原本位文化的纯矩形型态。这一系统的发展遭遇到以南朝之地理条件为基础的昂支承系统的挑战，因而产生一种混合而又并存的局面。昂之装饰化加上出檐深远者尊位的意象，使昂正式成为正统宫廷建筑中不可少的部材，**而发展愈在后，昂所代表的三角形结构的意义愈少，中国正统方正的矩形结构愈为明显**。若顺着这个观念看，则大雁塔石刻形象代表正统的唐结构；日本唐招提寺之金堂，现存最完整而最古的唐代斗栱系统，可以说是昂与华栱完美混合的早期例子；而佛光寺大殿则可说是我国本土内唐代昂与华栱结合的最早的例子。若自年代来看，这种混合可能发生于 8 世纪的下段，因为敦煌石窟 8 世纪的寺院形象，尚没有明确的昂的迹象。当然，见之于宋代《法式》的，则是两者并列，以便营造者选取的情形了。[1]

二 慢栱与补间铺作之发生

在讨论斗栱系统作为一种构造部材的时候，最容易发生的错误，是过分偏重斗栱之出挑的功能，而忽略了其他的作用。以宋《营造法式》之五铺作斗栱为例，其所需要之构件包括各斗在内，计四十三件，真正贡献于出挑的，也不过三五件而已（包括华栱几只及其附带的斗）[2]。我们曾经在本文开始时提到斗栱的发生原有构造的（亦即连结的）功能，甚或象征的功能，不只是结构的功能。迨至南北朝以后之发展，斗栱之意义，在形态方面越趋重要。**这个发展的第一大革命性改变是慢栱的出现。**

在一斗三升通行的南北朝时代，斗栱的作用只是构造的与象征的。事实上斗栱即使在连结柱、梁、枋之间的功能上，也不是必需的，故自始其象征的与形态的意义即超过实质的意义。斗栱作为一种高贵建筑的象征，及其形式的韵律表现在平行于正面的栱身，是很明显的。**一斗三升可以说是我国建筑史上最早的固定装饰形象。**自此而后正面上的斗栱形象之重要性，逐渐超过了断面上的形象，直到明清，在清《做法则例》中，正式把"栱"之称谓送给平行于正面的构件，把"华

---

〔1〕 自清代制度中鎏金斗栱位份极高（太和殿中使用）的情形看，宋代很可能亦有类似的位份高低的看法，但在《法式》中找不出来，又无实然可征，只好存疑。

〔2〕 李诚:《营造法式》第十一卷。统计其件数，计转角铺作 62 件，柱头铺作 43 件，柱间铺作 42 件。

· 日本奈良东大寺南大门斗栱

栱"改名为"翘",一个很俗的名称,而承认了正面形象的重要性。

在结构上为了出挑的目的,可以完全不需要正面的斗栱形象,是无可置疑的。日本在镰仓时代所谓之印度式,即所谓插栱,可见于今日奈良东大寺之南大门者,可以说明斗栱在断面上充分发展所可能达到的限度。据史书记载,这种构造的方法,是由重源和尚去华南天台山,过明州拜阿育王寺(1167~1180年)返,受命修复东大寺(1182年),乃罗致华匠陈和卿兄弟相助而完成。[1]这一段记载,一般均解释为日本建筑史中一个独特的时代,实际上是中国浙闽一

<hr>

[1] 见苏波氏 *The Evolution of Buddhist Architecture in Japan* 一书第 211 页。日本庙宇之形式分为和式、唐式、印度式三种,和式相当于唐代的做法,唐式即宋以后的中国正统式样,印度式则为我国浙闽地方样式。日本的建筑史家亦大体承认。

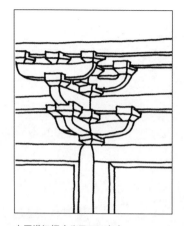

大雁塔门楣（公元 704 年）

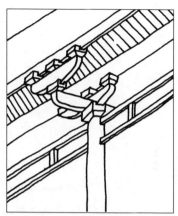

敦煌第二百二十窟（公元 642 年）

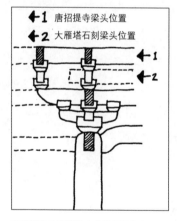

唐招提寺内槽铺作（公元 759 年）

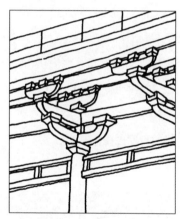

敦煌第三百二十一窟（初唐）

· 自隋至盛唐斗栱之发展

带地方形式的充分发挥。柱面出挑的方式在浙闽一带确曾发现，规模不及东大寺，我们可以说重源和尚在日本最大规模的寺院上，使用中国偏远的地方形式，乃有青出于蓝的表现，并不是不合理的。这一段故事说明在我国使用木结构发展其出檐深度的南部，完全忽略了斗栱的正面性，是可以列成一系的。然它之未能为我国正统建筑所接受，甚至不为日本建筑所长期接受，主要是由于其形态面缺乏为人们接受的条件。

　　中唐以前的我国建筑的发展，在南北朝的一斗三升的传统上，主要是沿着华栱与昂的出挑，延展一斗三升的形象，实质上是侧重于断面的发展，平行于正面的斗栱似乎只是发挥刚固之作用。这个阶段之确定年代，可上推至初唐之敦煌第二百二十窟净土变上之形象（642年），至少延到8世纪末的唐招提寺金堂。在这时代里，平行于正面的斗栱发展了令栱以上承撩檐枋；泥道栱，与华栱正交坐落于栌斗之上。敦煌第二百二十窟净土变的斗栱，因为只有一跳，其令栱与泥道栱不但长度相同，在高度上实际只差栱高，故在正面看去是相接的，与没有出跳的北朝斗栱的正面图相差甚少。下一步的发展目前有实物可征者，自7世纪

· 日本 8 世纪画

后的敦煌第三百二十一窟平坐斗栱、大雁石刻、唐招提寺金堂内槽柱头铺作，均大同小异，只是增加了一跳，使令栱与泥道栱之间的距离有一列华栱之隔，在正面上，斗栱的形象显得开展得多。同时，由于第二跳之产生，在柱面上为弥补空隙，于令栱同高之处加上一栱，与令栱同样大小，上承正心枋，为后代所无。这样做自然加强了斗栱组的复杂性，却无补于正立面。[1]

在 8 世纪末到 9 世纪中的大半个世纪里，**我国的匠师创造了慢栱，使斗栱的正面顿形丰富起来**。慢栱是一种最长的栱，架于泥道栱（及后日之瓜子栱）之上，使斗栱组正面看上去上宽下窄，力量自层层的枋子传至柱头的大斗，增加了视觉的稳定感。这个构件自始就是为视觉而存在，因为唐代的构造方法是架枋于泥道栱之上（或称一枋一栱为一组），并无叠栱的手法，在开始使用慢栱时，不可能更改这种基本的组合，比较合理的推断，是在枋上"隐"出慢栱，如同观音阁上所见的情形。隐出是一种浮雕，其目的全在欺骗眼睛。

慢栱产生以后，斗栱正面各构件的尺寸开始有了变化，在宋代以前，必然是匠师们随心所欲定出来的。第一个行动是把令栱减小，使泥道栱在正面上的尊位显出来。在五铺作以上的斗栱中，瓜子栱成为介乎令栱与泥道栱之间的构件，有时其尺寸亦然。在唐代及其以后辽金的

---

[1] 日本 8 世纪时作者不明的一个图卷（见上页图）上，表现的建筑形象均为一斗三升，蜀柱或人字补间铺作，且有双重蜀柱者。其中一画表示在柱头铺作上，有重栱出现，似无出跳（可自翼角上看出，近汉代做法），为笔者所见慢栱形象之最早的例子。其纯装饰性是不言而喻的。此一形象能否说明慢栱发生于出跳之前，是值得怀疑的。然其时代大体合于本文中所推断。见 Bradley Smith: *Japan, A History in Art*, Gemini Inc., Japan, 1964, p.56。

斗栱构件中，大体上均依循这样的顺序，虽然斗栱之组织每每因匠师而异[1]。到宋代，《法式》规定华栱、泥道栱、瓜子栱同长，令栱反而较长(增 25%),慢栱则为令栱之一倍。宋《法式》的规定出于何种理由，目前很难判断。一种可能的解释是由于宋代斗栱的部材已经显著缩小，而且有了补间铺作，令栱在斗栱组的最外面，负有撩枋下栱材视觉连续的功能，如其材太短，则达不到目的。宋代的传统在尺度大幅地缩小以后，在清代仍然持续着。

慢栱之产生同时带来了另一个后果，即重栱的开始；重栱本是慢栱的定义[2]。史载唐武宗曾下令王公以下不得用重栱,时在公元 827 年,可知当时慢栱已成为很普遍的构材，因而有定出位份加以限制的必要。栱上施栱，除华栱外，本是没有必要的，故唐初使用一栱一枋制，即栱之上施枋，如需要重栱，则在枋上施栱，栱上必再有枋。直接叠枋所造成的后果是把枋与栱之间距弄乱。以观音阁之下层斗栱为例，可见除泥道栱外，在壁面上之栱均为自枋上隐出；由于为双重叠栱，故等于用慢栱及其散斗之高度取代了唐初枋子的位置，造成有栱无枋的情形，在视觉上造成混乱。自正面看去，外拽之瓜子栱与慢栱，恰恰与上重正心的瓜子栱与慢栱重合。

---

[1] 是否因匠师而异为笔者之假定。辽金之例证说明斗栱之组织变化很多，但大体上说均能看出某一种系统，有相当的普遍性、传统性。此处所云因匠师而异者，乃推测此种发展的早期，其原动力可能是人的，匠师是一种可能，僧侣自然亦为一种可能，宛如西方中世纪教堂建筑之式样乃由僧侣所决定者一样。我国之名寺均为名僧所督建，此等名僧可能对建筑有甚大之兴趣。在此情形下，僧侣等已可视为名师矣。

[2] 重栱之明确解释遍查无着。其较适当的常识性解释自然以"重华栱"为宜，亦即指《法式》上"出双抄"，但《法式》所用之"重栱"显然为慢栱与另一栱交叠之意。此处从此解释。

这种混乱也许持续得并不久。在宋代修撰《营造法式》的时代，就系统化了，大体上把一对重栱加上一个枋子形成一个单元，即自上而下；枋、慢栱、瓜子栱（或泥道栱）为一组。除令栱为单列外，不论多少出跳，均由这种标准单元组成。在正心缝上，不论有多少层出跳，亦均使用一组重栱。这种方式到了清朝仍被沿用着。

也许由于栱的构件越往后越纤小的缘故，栱子的本身均无以承载自己的重量，故唐代枋间均留有空隙的方式，到宋代就被层层的枋子叠满了。在大雁塔门楣上及唐招提寺金堂上的蜀柱因而消失，为一种新的构件所取代，那就是补间铺作。

斗栱组中正式地产生补间铺作大约同于慢栱产生的时代。在建筑用语中，"补间"是指正面柱与柱间，由柱头铺作的斗栱组所造成的间隙，需要加以"补"足，"铺作"自然是斗栱组的意思。但追溯这名词的用意，通常把六朝以来所有使用在柱头之间，协助刚固檐枋与额枋的部材，通称"补间铺作"。故最早的补间形式是"人字补间"。

汉代因柱头斗栱没有完全成型，当然谈不上补间。然而在柱与柱间，枋与枋间，亦必有连结材，使木架构坚固耐久，这种连结材就今日见之于画像者，均为短柱，使整个木构架有强烈的矩形趣味。在南北朝盛行的人字补间，其发生之年代与原因均不详，但在没有出跳的一斗三升的系统中，人字补间代表一种三角形固定的方式，使正心缝上有桁架的意义存在。北朝是否自西方传来了三角形稳定的构造观念我们无法知道，但反映于法隆寺环廊上者，六朝建筑似广泛地使用了这种观念，几乎产生了三角形屋架。隋唐建筑的发展大约恢复了很多汉代的传统，初唐时期发展华栱出跳的矩形组合已

· 五台山佛光寺大殿

如前述，舍人字而改取较不稳定的蜀柱，大约也是这一运动中的一种表现。在华栱两跳的大雁塔石刻上，阑额以上的三层枋子有两层补间，上层为蜀柱，下层为人字；唐招提寺金堂的正面亦为两层补间，但均用蜀柱，这是否表示在初唐时期，六朝的影响仍在，到中唐才完全放弃人字呢？

在慢栱发生的年代里，斗栱组取代了蜀柱，为我国建筑之形式开了新纪元。在今天推断起来，用斗栱组取代蜀柱有两个重大的意义。第一个意义是构造上的，第二意义是视觉上的，我们分别加以说明。

在构造上，斗栱组之别于蜀柱者，乃蜀柱仅有刚固枋子的作用，而斗栱则可以出跳，协助撑持屋顶的出挑。在佛光寺大殿及观音阁上檐所见之补间斗栱均比柱头铺作少一铺作，显然是一种补充的性质，其令栱所承托者不是撩檐枋，而是罗汉枋（介乎撩檐与柱头之间）。我们推测在出挑比较深远的建筑里，由于瓦顶的重量甚大，使柱头铺作之间有发生下陷的可能，乃增加一组较小的斗栱，负担部分的重量，横杆的后尾压在平棋枋的下面。

这一阶段的补间斗栱由于比柱头铺作少了一跳，其特色是没有坐

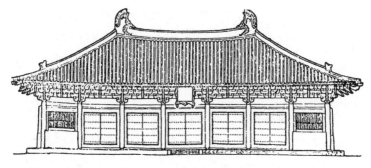

· 五台山佛光寺大殿正面

斗，而直接落在后期应为栱垫板的一部分的枋子上。从正面看去，柱头铺作因为补间升高，泥道栱之形象非常清楚，宛如一个柱头。在观音阁上檐所见者很类似，只是多了一个坐斗骑在枋子上而已。

在视觉上，一方面增加泥道栱的地位，再方面使早唐以来人字补间为蜀柱所取代以后，于柱头与柱头之间所留下来的全部空隙，被相当匀称地填满了，而且是使用了柱头上所使用的架构方式。这是我国建筑檐下部材在统一设计之下的开始，斗栱系统自此而后不但负有结构意义，而且对整体形态的支配力增加了。自中唐开始，斗栱的装饰性逐渐取代了结构的意义，使建筑之视觉形态走上形式主义的、古典的路子。当然连续性的完成要到北宋的《营造法式》时代。

三 唐后北疆民族之自由创作

慢栱之发生与补间之出现，是斗栱横向发展的两大步。在它们初创的 9 世纪，匠师们大约感受到新发明的愉快，同时亦体会到一些困难。由于在这个时代，形式主义的精神尚未具有支配性，中唐以后的二百年，我国缺乏一个强有力的政府，没有闲暇顾到建筑的制度，从建筑史上说，这个阶段等于"前古典时代"，为宋代的《法式》建筑铺路。

在谈到这些自由创作的作品前，我们还要交代当时建筑上的几个值得讨论的特征，都是与斗栱的组合有相当之关系的。它们是：生起、侧脚、正脊的下垂曲线。

实际说来，生起、侧脚是一些细节，其目的是造成正面檐线下垂的视觉效果，与正脊的下垂曲线原是形式上同类的东西。这种正向屋面的弯曲形状，其形成的时代与理由均曾于上文中讨论过，但是自六朝以来到佛光寺大殿之间的三四百年间，我们竟没有任何证据，说明正脊与檐线下垂是六朝以来一贯的传统。在前面所一再提到的大雁塔门楣石刻与日本唐招提寺金堂均有十分平直的正脊与前檐，只有翼角之起翘。大雁塔石刻上之翼角起翘似乎与斗栱系统也没有明显的关系。

由于生起与侧脚是宋代《法式》中明载的做法，可知这种形式是北宋以前所通用的了。它的起源之引起历史家的兴趣与疑问是很自然的，我国的史家在民族的偏见下很容易把它解释为西洋古典建筑上的视幻觉矫正。这种解释不可靠的理由，已在《明清建筑二论》中加以分析，此处不赘。苏波氏的猜测亦曾在前文中提到。他指出宋代初年大一统后，南方诸朝如南唐之建筑文化可能因喻皓及其《木经》之北上，而将此种南方建筑之特点带到了北方。但我们指出在非常偏远的五台山，唐代灭亡以前即有佛光寺大殿，虽不能说这种南方地域性形式的解释不能成立，至少喻皓影响说是不可能的。

如果拿明清以后的南方建筑为例，则觉南方并没有保存这种全部曲线的传统。江南一带的建筑角翼起翘很大，但其结构体却是方正的[1]，因而使我们无法做一肯定的结论，虽然一些次要的亭子是使用较轻巧的曲线的。以台湾的传统建筑为例，一般近代的庙宇，虽然正脊是弯曲的，檐线却通常完全没有起翘。若干较早期（清代中叶以前）的庙宇确实有全面曲线的结构体[2]，这种例子说明是南方的传统呢，还是北方建筑传统的南下呢？实在是扑朔迷离，令人难解的。这可能要回到前文的讨论了。

如果说脊檐曲线之存在是以某种理由通用在北中国的唐末，则侧脚也是自然而发生的，由于生起所造成的额枋近角翼处的上仰角，完全垂直的角柱会造成很严重的构造弱点与视觉的不安定感。角柱略向内倾可以部分地解决这个问题，使曲线的结构显得自然。

唐宋以后，这种形态上的自由与斗栱系统的自由创作是一体的。北中国大体上接受了这个传统而予以发展。这一点苏波氏是不同意的。苏氏认为北宋对《营造法式》以前的建筑有独特的贡献，北疆民族不过是一种不太成熟的模仿。这一点争论原是无可终结的。但是笔者认为自宋初至《营造法式》的颁布不过七十年，何以自创作的自由忽而制订如官颁之严格规定？我们只能说在这七十年间，由于天下粗定，唐末以来的正统建筑逐渐形成格式化的做法，而皇室为再次订定建筑形制与社会阶

---

〔1〕 宋代的苏州圆妙观大殿曾经后代修改，已经不足以为证。建于绍兴年间的苏州报恩寺塔亦有同样之形式特色。是否经后代修改不详。但一般地说，后代的建筑若以圆妙观为代表，可知南方的建筑在曲线上并未表示其结构性的意义，却是一种装饰性的东西。与佛光寺大殿比较，若说曲线之产生是南方结构所造成似乎令人难以置信。

〔2〕 年代较久的鹿港龙山寺与天后宫的后殿，其曲线虽略为夸张，都是古拙的，似可支持结构来源论。我们自少数遗物资料看，似乎福建古建筑曲线与唐宋建筑较接近，江南之建筑形式显得轻佻，是否为江南地区后期发展快速之结果，待考。

层的关系，及便于宫中工匠的营造，乃订出《营造法式》。很明显，这一段时间是在精致化唐代以后的建筑方法，使符合皇室的文雅生活的要求，若说宋初对唐建筑有创造性的发展是很难令人取信的。

苏波氏做此说的根据是宋初晋冀一带建筑结构与空间组合的独创性，他特别指出建筑于公元 969 年的河北正定龙兴寺摩尼殿。在结构上摩尼殿是 45 度斜栱补间铺作的最早的例子，他认为乃辽金后日模仿的来源。

笔者认为这一看法甚有问题：摩尼殿的确实年代并未确定，即使确定，北宋开国于 960 年，只早于该殿九年，很难说是宋代的贡献，且地处北疆边缘，宋代于开国之始能否于建筑的制度上支配边界庙宇之建设，实在很成问题。这建筑充其量只能说发生在宋领土的北疆作品而已，若用以证明宋建筑的独创性是不妥的，否则《法式》中何不载明斜栱的制度呢[1]？

在《法式》制定之前，辽、宋两国均承袭了唐末、五代的传统，其工匠间的交流虽未必畅通，但五代以来的缺乏制度，及工匠之自由发挥，应该是可以确定的。宋承中原大统以文治国，走向制度之需要较辽金为迫切亦可以想象得到。辽政府对建筑的放任与无知是自由创作传统的主要原因。

北疆民族的建筑形式在斗栱上的表现，根据营造学社所提出之资料加以分析，大约可分为几点：一、**各种斗栱系统的杂然并见；二、斗栱组形式的多样性；三、斗栱构造主义的做法**。下文中将分别说明之。

自第一点看，我们很容易发现辽代初期斗栱系统之紊乱。当然

---

〔1〕 见苏波氏 *The Art and Architecture of China* 一书建筑部分第 36 章，第 269 页。

唐代是否有井然的制度，我们并不确知，可是柱头铺作较大、补间铺作较小如佛光寺大殿者之 A-B-A-B（A 为柱头科，B 为补间科，两种斗栱交替出现）韵律大体上是通行的，同类的例子亦见于北汉建于 963 年的山西平遥镇国寺大殿。入辽以后，这种制度仍然在使用中，最著名的例子是蓟县独乐寺观音阁之上檐斗栱，几乎是佛光寺之翻版。

　　大约在近于世纪之转时，有不少例子说明辽建筑开始注意到檐下斗栱系统的连续性。建于 11 世纪初的辽东奉国寺大殿，斗栱是连续的，柱头铺作与补间铺作完全一样，使正立面出现饰带的感觉，为 A-A-A-A 韵律。斗栱本身仍极壮大，是属于出单抄双下昂的格式。此种形式是否与北宋初年的发展相平行，进而影响了《营造法式》的内容，我们不敢说，但却是一种相当可能的假定。我们敢说连续的斗栱可能出现的时代恐早于奉国寺大殿，因为在建于 1038 年的下华严寺薄伽教藏殿中已使用高度制式化的连续斗栱作为其壁藏的装饰。发展为装饰是需要相当长的时间的，而且说明它是工匠心目中的形式的理想。它之不能广泛地在建筑上使用，可能是功能主义仍然支配着那个时代的缘故。

　　第三类是不计较斗栱形式的韵律，只因时制宜，就不同之局面求不同的解决方式。这一类可以称为自由创作的代表，亦可说是野蛮不文的代表。这种形式对个别问题的解决的兴趣比对形式韵律的兴趣要高，而各斗栱组亦不尽相同，斗栱与斗栱之间的栱眼亦大小不一，有时在构造上虽可了解其意义，在形式上都难于了解。大同善化寺的大雄宝殿就是一个很好的例子。

　　在自由创作的表现上最明确的是斗栱组形式的多样性。在外檐铺

· 应县佛宫寺释迦塔

作上，一般只有三类形式，即柱头铺作、补间铺作、转角铺作。自宋至明初，柱头与补间在外观上是相同的，而转角铺作在宋《法式》中虽与补间铺作不同，但其连续的视觉感是存在的；不同在于其位置与机能而已。

以独乐寺观音阁为例，在外表看去似乎很符合唐代系统，但是经过苏波氏之调查，该阁竟有二十四种不同的斗栱组[1]，实在是令人惊讶的。建于1056年的佛宫寺释迦塔（应县木塔），在其下部的两层的正面，即可指出七种显然不同的斗栱组形态，包括出跳数的不同，昂、抄数目分配之不同，慢栱之数目的不同，出跳角度的不同。即使以各层分别看，除平坐以外均无明显的韵律。其第一层中央为45度之斜栱，有

---

[1] 见苏波氏 *The Art and Architecture of China* 一书建筑部分第36章，第275页。

较大之面阔为五铺作。柱头为标准之五铺作斗栱。[1] 补间为二跳，然无令栱与慢栱，故形式很小，转角为 45 度栱与横栱之结合。上檐头为标准的重下昂出双抄七铺作斗栱，而中央补间虽亦为重下昂出双抄，但无慢栱与令栱，于令栱处以替木代之。其转角铺作则为 45 度栱与双抄无令栱之结合。平坐斗栱亦不标准，为一标准五铺作斗栱于令栱处多华栱一跳，以散斗上承平坐外缘的枋子。第二层檐下斗栱之柱头铺作亦为标准之重下昂出双抄斗栱。其中央补间铺作则为 60 度华栱二跳上承慢栱的很特殊的组合。而转角铺作虽仍为三下昂出双抄，但正面之 45 度斜栱只出二跳，另二跳则由华栱负担。笔者不厌其烦地指出各斗栱之不同，在具体说明其工匠之自由所到达之程度。

正定龙兴寺摩尼殿所表达的"独创性"，后来成为自由斗栱系统语言的一种。在摩尼殿上不但补间均用 45 度斜栱，而且因此而使柱头铺作在外观上的分量很轻，把唐初以来的视觉秩序颠倒了。这不但表示了视觉秩序的改变，而且表示结构的系统不再大部分经由柱头下达地基，而是经由阑额，自阑额与柱之接榫传至柱身。当时的设计家为什么这样做，是很难了解的。因为在同一座建筑上，45 度的斜栱也使用在柱头铺作，可以知道，把大部分的重量放在柱间是有意的选择，不是纯技术的需要。但自此而后，所见之斜角斗栱均在柱间，或至少在中央之柱间，竟很少在柱头上出现了。

在这样多样性形式的倾向下，加上摩尼殿所代表的表现语言的新

---

〔1〕 均以宋式为标准加以说明。辽代木塔之斗栱及其砖塔之斗栱装饰，显示虽斗栱种类繁多，却均已制度化，至少已习惯化，盖某种斗栱使用于何处，已可找出规则。即使如此，辽代匠师喜欢在一座建筑上使用多种形式斗栱，并不能用"需要"来说明。

· 斜角斗栱

秩序，我们就看到大同华严寺、善化寺辽金建筑的斗栱组合了。大体说来，它们遵守几个基本的原则，原柱头铺作似完全遵从唐末以来的标准，变化则在于补间与转角。斜角斗栱用在中央或重要补间位置。在较早的正面上，末间大约因为生起的缘故，略为狭窄。

以较早期的善化寺大雄宝殿为例，可以说明这种变化性设计之特点。该殿为一七开间之大殿，柱头铺作为标准五铺作斗栱。中央之开间略宽，使用45度斗栱，两次间之补间，不知何故，使用五铺作而无慢栱之斗栱组，最上一跳则为45度的斜栱，稍间之补间则使用柱头铺作同样之斗栱组，末间之补间则用无慢栱无斜栱的铺作斗栱。加上转角铺作，则其正面之韵律为（自角开始）Ⓔ-D-Ⓐ-A-C-A-Ⓑ-C-Ⓐ-A-Ⓐ-D-Ⓔ，六种组合在一个十三组斗栱的正面上，是看不出什么秩序来的。这一点不曾使设计的匠师烦恼过，因为在略后的上华严寺大雄宝殿，虽其开间尚多二间，在韵律上是完全一样的。值得我们注意的是，大雄宝殿是寺内之主殿，在主殿上使用这样复杂自由的斗栱，且一而再地使用，**是否说明这种自由的组合在位份上高过整齐的 A-A-A 韵律呢**（山门是属于整齐的韵律）？

斗栱组有的变化并没考虑到在正面造成斗栱连续的问题，比如在比较宽的柱间使用较宽大的栱等手法。在善化寺大雄宝殿的正面，如以"栱眼"之宽窄为准，则愈接近中央愈宽，愈近翼角愈窄，似乎愈宽者愈位尊。这一点看上去似乎很不合理，但在辽代善化寺普贤阁之正面，除上、下两层使用完全不同的斗栱系统外，其共通点则为当心间之补间很小，两边露出很宽之空档，而两翼间则由横栱填满，似乎进一步证明这一点。

这种空实变化的发生，乃至金代使用斜栱的增加，其原因之一，是辽金在斗栱上的功能主义者态度，把唐代佛光寺式的斗栱尺寸减小了，因而使柱高与斗栱高的比例自佛光寺的三比一，减为约六比一，斗栱自七铺作减为五铺作，且尺寸急剧减小，柱间之空间加大，因而造成的自由。在金代的三圣殿中，当心间用了两组斗栱即仿宋《法式》制，而在次间则使用斜栱。如用标准斗栱，又只用一朵，则自然有栱间宽窄不一的变化了。令人惊讶的是，在 11 世纪初北疆民族已了解斗栱没有很多构造上的功能，竟减小其比例，而在斗栱的形式上却保持其创作性。

在斗栱的自由运用上，不但整个斗栱的组合是如此，甚至在看上去比较合乎规律的斗栱系统中仍有变化之可能。在下华严寺之薄伽教藏殿，及宝坻三大士殿，均为唐以来 A-B-A-B 韵律的良好例子，但如加细察，则觉其斗栱的组织本身与唐宋的标准做法不同。唐佛光寺到宋《法式》，迄于清《工程做法》，斗栱之标准构件是慢栱最大，其他的栱之长度大体相差无几。宋式中华栱与令栱较长，泥道栱与瓜子栱较短。清代名称不同，比例相当。但在薄伽教藏殿之斗栱上，依营造学社所测之图样，慢

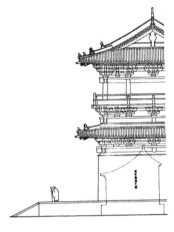

· 大同善化寺普贤阁侧面图

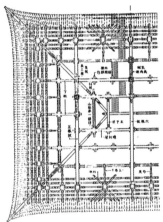

· 善化寺三圣殿斗栱平面图

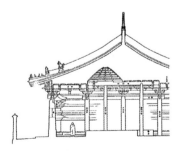

· 大同华严寺薄伽教藏殿断面图

｜ 斗栱的起源与发展 ｜

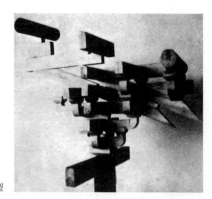

· 观音阁上檐斗栱模型

栱在正心者与外拽者不同而较长。泥道栱长于瓜子栱，而瓜子栱与令栱同长。[1]这一点意义何在不太了解，我们所能猜测者，乃泥道栱加长后，使斗栱组在正面看上去比较稳定，因为泥道栱看上去很像一个柱头。由于泥道栱增长，故置于泥道栱之上的慢栱自然比瓜子栱之上的慢栱为长。类似这种部材细小的变化一定很多，在当时且很自然，梁思成对三大士殿之实测，发现该殿使用了宋代《法式》材契的度量法，但又为其用材不准而大为不解[2]，如果我们能明白三大士殿建于《法式》前半个世纪的辽地，则其不能循"规"蹈"矩"毋宁是很当然的。

　　自由创作的第三个特色是构造主义的精神。这一点原是很基本的，因为它是工匠在设计时所赖以变化的动机，因古代匠师在形式上不若今日敏感也。唐末至宋中叶的北疆民族在斗栱上变的花样虽然亦有些形式上的意义，在笔者看来，**大多是因为不求形式上之意义但求构造上的方便所得到的结果，**而其设计有些确具有很高的构

〔1〕　梁思成等：《大同古建筑调查》，载《营造学社汇刊》四卷三、四期，1934 年，149 页。
〔2〕　梁思成：《宝坻广济寺三大士殿》，载《营造学社汇刊》三卷四期，1932 年，24 页。

造上的意义。

其中最显著的一项成就当然是斜栱。在构造上说，斜栱是呈 45 度或 60 度互相交叉的斗栱组，出跳支撑挑檐檩，而且后尾亦压在内部结构的梁下。它的好处有两点，第一是比较稳定，因为它是有四个支点的斗栱组，以阑额上的坐斗为杆的中心；第二，在柱间较阔的情形下，它是由一个斗栱组提供两个支承的经济的方式，可以缩短挑檐的跨距。第二点很容易明白，如果不这样做，恐需要两朵斗栱才够。至于在构造上的优点则可以比较传统之斗栱与斜栱之不同。传统之斗栱通常需要很复杂的横栱来扶持，以保证其稳定，但斜栱使用交叉互相扶持的道理，则简单又合理。当然斜栱亦可有复杂的横栱装饰的。[1]

细察辽金对斜栱的使用，表现在大同建筑上的,可看出其相当敏感。在善化寺与上华严寺两座大雄宝殿上，使用 45 度斜栱的三个补间（包括当心间），其额枋以下均为开口。亦即该处似需要较牢固的构造关系，虽然在实际上水平三角稳定对额枋的影响不大，在视觉上是有其作用的，盖当时北方建筑之正面尚是砖砌幕墙为主的情形，而砖墙在实际上是有其结构作用的。

构造功能主义在辽代，曾使梁思成在调查宝坻三大士殿时，感叹几乎无一块材料是没有意义的。斗栱的情形亦大致如此。辽代斗栱的后尾多是简单的华栱重叠，很少复杂的横栱，而表现重构造、轻形式最明显的部分是转角处斗栱的组合关系。在不求形式完美的情形下，辽金建筑

---

〔1〕 斜栱之研究亦见梁思成等：《大同古建筑调查》，153 页。后期之斜栱有甚多装饰，乃增加无后尾的构件，填满因斜角而造成的空隙，其装饰效果尤甚于平栱。

之角部多是很合理的构造。角翼挑出的后尾压在纵横相交的枋子上，而两向的补间之后尾也应该落在该处。可是为了构造上的方便，末间的整个系统在外观上就缺乏韵律，成为该时代建筑形式最混乱的部分了。

四 则律时代

进入 10 世纪以后的我国建筑，在斗栱系统有一很大的改变，即**斗栱的功能自柱头铺作转移到补间铺作，这是开启宋代以后建筑发展的真正原因。**

此前我们关于斗栱起源的讨论，无不是以柱头之上，斗栱之结构机能为对象，在"曲线与昂的出现"一节中我们才开始提到补间铺作产生的原因，但历史的发展很无情，不到两个世纪，斗栱的研究就落到补间上了。

在目前所遗存的史迹中，辽独乐寺观音阁是最后一个柱头铺作为系统主体的例子。在它的斗栱系统中，柱梁架构本身不足斗栱高度的一倍。复杂的昂支承系统，在乳栿之上部，占有斗栱系统三分之二的分量。为后代学人所乐道的杠杆原理，在这里很明显地在柱头梁枋之上、檐檩之下表达出来。梁枋所担当的出挑的责任很小，只有第二抄之偷心华栱为乳栿之延长而已。

可是自此而后的辽代建筑就再也没有如此之格局了。[1] 建于 1035 年的下华严寺海会殿是一个新时代的宣言，说明斗栱系统本身是不需

---

〔1〕 观音阁之结构虽为辽建，很可能为唐代建筑之修复。其与同期之辽代建筑截然不同曾引起苏波氏作此推论，是一个很合理的推论。

要的，与出挑的关系不大，或至少其影响建筑之造型者很有限。海会殿的构架等于我国建筑结构原则的说明，但等于自宋以来，我国建筑免去斗栱装饰以后的简化形式。很有意思的是海会殿正面柱间的跨距在 6 米左右，与同时其他建筑并无不同，其出檐等并未受到影响。这一点说明五代以来，在出檐方面的需要不再如唐代那样深远，或建筑之费用不再能负担七铺作的大出挑；当五铺作成为一种通常的用法时[1]，又发现较短的出挑，没有必要在柱头上使用真昂，因为梁身略长些就可以达到这个目的了。海会殿是一座很单纯的建筑，故很直爽地使用了构架，与佛光寺大殿一样的雄壮，只是十分的简化了。但以后的建筑竟似在海会殿的结构上涂脂抹粉一样了。

当然**斗栱部材的比例缩小是造成此一转变的重大原因。**佛光寺大殿、海会殿与观音阁之结构，其梁之深度均约一材一栔。换言之，梁之断面相当于斗栱断面之高度，只是栱身为一材之高，其一栔则为透空而已。故在这些建筑中，梁所负担之角色不过是斗栱中的华栱一跳。月梁梁头伸出，切掉上面一栔的木材高度，就是一个后尾伸长的偷心华栱，一点也不显得特别。但辽宋以来，斗栱的尺寸减小（是否因经济之缘故不知），在柱头上月梁所担当之角色就大不相同，辽金大同古建筑中所可度量的，乳栿之断面均为二材一栔，如善化寺三圣殿者，檐檩有上下二层，上层为二材二栔，加起来竟有

---

〔1〕 虽然《法式》上列有高达九铺作之制度，但后代之建筑似以五铺作六铺作为通用。此情形在辽、金建筑已见端倪，元明以后之遗物尤为明显。在北京故宫中使用七铺作以上者亦仅正殿。反观唐代佛光寺大殿及平遥镇国寺大殿之使用，似乎七铺作十分流行，不以规模决定。在张择端的《清明上河图》中之城楼上，双下昂出双抄的七铺作仍可清楚地辨别出来。

·宋《营造法式》斗栱模型

三材二契之多。二材一契已经表示是二重斗栱，三材二契实在是三重六铺作的高度了。试想梁头伸出之高度等于五铺作、六铺作的高度，再加上檐檩，除非斗栱系统需要七铺作以上，柱头部分怎会还需要斗栱的帮助呢？

这时候斗栱的需要就是装饰的了。罗汉枋等于梁头上穿孔插入的部材，昂为梁头刻出的装饰，是为假昂之开始。如果我们尚对斗栱的结构机能有兴趣，则只好把重点放在补间铺作上，因为柱间是没有梁头可资依赖的。

当然，宋《营造法式》的制度中，有真昂使用在柱头铺作上者。此种形式多为六铺作以上的重下昂出单抄或出双抄者。但由于其乳栿之断面大体亦为二材一契，在昂身之下之华栱与其相关之横栱，却与辽建筑相同，是穿插在梁头上之装饰。事实上，《法式》中把乳栿之一端凿为细卯，置在斗栱上，然后再于其上搭建斜昂，在构造上实在不若把梁头伸出来得合理。上图为《法式》中双下昂出单抄的六铺作斗栱，如以两材一契的梁高计算，把乳栿挑出之高度，恰巧可以连接上昂所支承的散斗。这样的做法比起纤弱结构的截断梁身于柱上以复杂杠杆的系统取代梁头伸出的方法，要直截了当、简单合理是不言而喻的。所以辽宋而后柱头铺作逐渐放弃其自足的系统，改为装饰性的组合，而由补间铺作取代了斗栱的逻辑地位是很自然的。[1]

就是这样，斗栱的机能转移到补间铺作，**而在形式上亦以补间为主，柱头反过来模仿补间乃是这个则律时代斗栱系统上的特色。**

我们说宋代的《法式》是古典的，是则律的，乃因宋《法式》之存在的目的是则律的建立，而则律之建立，目的在求一秩序，秩序就有古典的精神。唐宋之间的我国建筑必然是多彩多姿的，《法式》的建立一方面综合了过去的成就，使创作的方向有了设定的范围，另方面也限制了新的创作的可能性。故宋代建筑是形式主义的开始，一般认为乃呆滞的时代，是明清建筑"衰落"的起点。这一点笔者未尽同意，已在另处讨论，此处不赘。

若以斗栱为例来说明宋代建筑的精神则十分恰当。秩序表现在几点上：第一，斗栱的复杂性与其建筑位份的关系，其色彩之装潢、铺作之多寡、材等之大小，都有了一定的规定。第二，在一座建筑中，由于其基本的比例决定一切，斗栱的系统就在此大的条件下，依律推出，其可变之幅度很小，故使用斗栱作为表现之工具之可能性消失。然而自另一个角度看，则律通常保证一种均衡的、几何上的妥当，视觉上稳定的比例，亦即古典的比例。第三，斗栱组在此情形下为达成简单韵律的目的，乃在形式上划一，成为连续的饰带，使构造的意义在外表上显不出来。

---

[1] 《法式》上之做法显然为唐代做法之延续，但因尺度减小，故显得勉强。宋代之柱头铺作均不用真昂，在结构的稳定性上，已经可以超过使用真昂，但其价值尚不能如此衡量，因其形制大体尚在合理之限度之内。

· 宋界画《清明上河图》中的建筑形象

斗栱的连续可能是此时代最令人兴奋的建筑特色，这一特色自 10 世纪末开发出来以后，成为一种热狂——视觉上的热狂。没有一个时代有那么多画像如此热心地描述着斗栱的连续美。张择端的《清明上河图》上就曾详尽地画出檐下的每一朵斗栱。李容瑾的《汉苑图》，显然是宋代则律建筑的梦想。自此至元代，也是界画盛行的时期，大匠如王振鹏、夏永的作品是今人所熟知的，即使不太闻名的南宋作品，其对斗栱的写实性也是令人惊讶不置。有些界画，对复杂的角科斗栱的交代都是清清楚楚的。[1]

斗栱的连续性不但在宋代，即使在宋政权不及的地方亦普遍地为大家接受。不但在宋代之官式中是规定严格的，即在官式影响力之外

---

[1] 刘致平曾对界画中斜角构件的结合研究其真实性，发现与宋、清官制不尽相合，但合于南方民间之做法，足证界画家虽未必了解建筑之制度，确对结构有相当的认识，不是随意下笔的。见刘致平：《中国建筑类型及结构》，第 90 页。

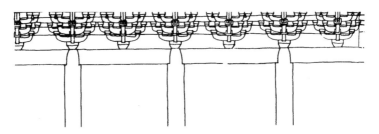

·宋《法式》斗栱立面

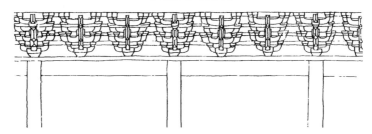

·元三清观斗栱立面

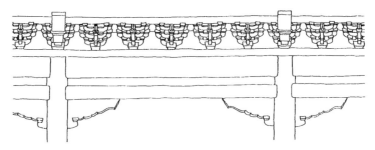

·清官式斗栱立面

的地区，北方的燕云一带，南方的各地，其使用斗栱的方法未尽相同，取其连续性则大致一样。这是否为则律之影响，还是这个时代之特色，是不容易下定论的。

古典则律时代的结束几乎亦可以斗栱连续性的结束来标明。这大约发生在明初前后的一个世纪内。由于明代的《营造正式》之官方工程则律失传，我们无法知道古典的精神是否结束于明代以前。但是以目前所知的资料，转变的时机在元代已经开始了，约大成于明中叶的平智化寺如来殿上。

实质地说，补间斗栱取代柱头斗栱之结构意义仍然持续着，但补间斗栱之结构原意亦逐渐消失，代之而起的为形式完整的观念。转变的时代及其以后的则律，仍然以斗栱连续性为其形式的目标，只是由于工程做法上实质的演变，使得斗栱形式的连续性成为不可能之事，但成为不十分影响其视觉完整性的一件事。

这转变的发生自艺术发展的定命论上看，似乎可以解释，**但也可以说是后代的匠师终于明白斗栱是装饰的，原没有"壮大疏朗"**[1]**的必要。**比如古罗马的建筑师在延续希腊传统的时候，明白了多立克样式（Doric Order）的比例主要是形式的，不是结构的，因而在部材的比例上可以"纤瘦"一些。海会殿的结构大约给予了他们指引的方向。

在营造学社的调查中，曾在晋汾一带至少二处发现元代建筑有斗

---

[1] "壮大疏朗"是营造学社时代用来描写较早期建筑之斗栱，表示比较合理美观的形容词。

栱完全与柱头脱离的例子，因而使当时的调查者大吃一惊。[1] 在笔者看来，这说明在斗栱连续性为主题的时代，有探索精神的工匠发觉斗栱的系统与结构框架的主体没有关系（特别在有金柱的建筑中），因此尝试解除柱梁系统的束缚。这两座建筑能留传到现代，正足以说明当时工匠对斗栱的看法并无错误，其法未能为后代广泛接受的原因，是视觉上的妥当性发生问题。如果元代的匠师在使用了粗壮的阑额及普柏枋之后，能把挑尖梁栿废除，改为断面较小的枋子，在每一列斗栱上均施以枋子，连结金柱面上的结构系统，然后把斗栱组排列整齐，因此而把斗栱简化为一种（废除柱头与角科），则中国建筑可能有很激烈的演变，就不必等到外国人在金陵女子大学校舍上表演了。

在金、元两代所做的大胆实验，可能由于明代国都北移，为在官式规定下的正统的则律主义所扼杀了。斗栱的尺寸由于艺术的定命也好，由于工匠的体会也好，是大大地缩减了。更换一种斗栱安排方式的尝试又不被接受，剩下来的解决办法只有保留宋官式的局面，来一番削足适履的安排了。故在明代的初叶已经开始出现柱头科大于平板科的现象，而此事的开始，至少可以上推至元代的赵城县广胜寺[2]。

用数字来解释就比较明显。唐代的梁枋断面与斗栱的断面几乎同宽是上文提过的。辽宋时代，以《法式》为准，则乳栿连结材之断面略宽于一材一契，为二十五分。柱头上之"项"为入斗口处，

---

〔1〕 梁思成：《晋汾古建筑预查纪略》，载《营造学社汇刊》五卷三期。发现汾阳杏花村园宁寺正殿斗栱，与霍县政府大堂之抱厦斗栱，柱头上没有斗栱，作者曾表示极为怪异、丑陋。该二建筑均由原调查者定为元建。

〔2〕 见梁思成：《晋汾古建筑预查纪略》。

厚十分，即与斗身同厚。[1]自二十五个单位切出十个单位为榫，甚至出跳为华栱，在结构上与构造上尚属合理。但如斗栱之材料趋于纤细，使梁厚与斗口之比例在三分之一以下，这样做就有实质的困难了。

在斗栱尺寸缩减开始时，有两个实际的解决方法。一是把梁头伸出，搭在斗栱组上，不必一定要与斗栱的斗口发生关系。因此在正面上看去，梁头虽然特别明显，斗栱组的本身，柱头铺作与补间铺作并没有什么分别。这个办法是元代明初建筑上所常见的。河北赵城县霍山中镇庙就是一个例子。[2]另一个方法是很现实地把柱头铺作的尺寸略放大，昂嘴与耍头均较宽，但逐层下降时，尺寸收缩，至坐斗则与补间之坐斗同大。此法亦常见，在相差不太大的情形下，斗栱的连续性仍然存在，很容易骗过不在意的眼睛。这种方式是明清官式进一步发展的基础。[3]

事实上保持了檐下装饰的连续感，仍然因其主要的结构机能的不同把柱头铺作显出来，自宋代以来就有例子可为佐证，那就是有名的晋祠圣母殿。其做法是在使用真昂的补间，昂嘴自然是下斜的，而在柱头铺作，因为假昂的部材是水平走向的，故昂嘴水平突出，因而在连续的斗栱形态上，产生明显的 A-B-A-B 韵律。（这种水平走向而又上弯的昂嘴在国内后期少见，却成为朝鲜半岛传统建筑上所通用的了。）

---

〔1〕 李诫：《营造法式》第五卷。

〔2〕 见梁思成：《晋汾古建筑预查纪略》。本节之讨论虽引用梁文之介绍，但对斗栱之讨论，均为笔者研究图片所引申，故有错误应由笔者自负其责。又明初之此一做法在梁氏之照片中似颇为普遍，显为明初所广泛使用。

〔3〕 赵城县侯村女娲庙正殿斗栱可为代表，时代约为元、明之间，亦见梁思成：《晋汾古建筑预查纪略》。

在元明之间，柱头斗栱却迫于构造上的现实不得不如此了。

到了明中叶以后，斗栱比例进一步地缩小，上提的元代使用的两种方法都行不通了。乃有清代工程作法出现。依法例，挑尖梁与斗口宽之比已达到六比一，不但在标准斗栱组上容纳不下，即使容纳得下，恐怕斗栱的组件太小，也承不起梁柁的载荷，故在柱头科上使用较大的构件，不但是构造上所必要的，而且是结构上所必需的。在形式上，柱头科就很明显地站出来，结构的负重感明朗，因而使宋元时代斗栱在构造上的含糊性廓清了。

在形式外观的韵律上，自早唐之 A-A-A，经晚唐之 A-B-A-B，宋代之 A-A-A-A，至明清之 A-（B-B-B-B……）A-（B-B-B-B……）A……，在简、繁上有所不同，韵律上却近于唐末。这同时说明，结构的系统在无意中又恢复到唐代的情形，虽然有"雄大"与"纤细"、"合理"与"不合理"之分别。这个意思有略加解释之必要。

原来檐柱面的结构，在唐代是很标准的框架式，上部的荷重由撩檐枋或檐檩传至柱头，自柱身传至地面。阑额与乳栿都是穿插拉系的性质。在无金柱的情形下，柁梁在柱上自然负担了承载与拉系的双重作用。但额枋在结构上除拉系外别无意义。在补间斗栱出现以前，补间之意义在刚固正面梁架，与屋檐之载荷不相干。补间铺作出现以后，阑额负担了部分屋顶的重量，故普柏枋之出现，在构造与力学上均是这时代的特色。

普柏枋的消失与补间斗栱在力学上作用的消失是同时的，真昂的消失宣告这个转变的完成。史家所盛赞的杠杆作用在这里完全成为理论。斗栱组不但十分纤小，而且挑檐檩与檐檩之间距离很短，出檐与唐宋比起来也显得谨慎得多。柱头科不用说完全是装饰，是穿凿梁头而成的，平板科之一端置挑檐檩，另一端并无平衡的构件，表示挑檐上没有多少重量。檐檩负重并经由多层正心的枋子直接传至坐斗。由于平板科很密集地排列在柱间，故自檐檩至额枋等于直接传达檐重的一个大梁。故在观念上十分接近唐以前的简单框架，斗栱的栱翘类似砖块，层层上叠，宛如承重壁之情形，填满梁枋的空间。

清代官式的斗栱，特别是出跳较多的系统，翘昂所予人的视觉印象是一种坚实砖石构体上的华丽、韵律的深浮雕。檐下的连续饰带，虽因柱头科特宽而以柱间为视觉的单位（同于唐），却因斗栱朵数甚多而不失其连续感。严格地说，清代斗栱系统不属于木结构，而是承重壁、砖石结构的性质，故笔者在他处曾讨论到，我国建筑的传统到明清应该改为砖石结构，可惜这一现象未能发生[1]。

---

〔1〕 砖石结构之未能出现并非材料与建造技术的问题，而是一种价值观的问题。我国人一直认为木材为较重要的建筑材料，没有作大幅改革的动机。